创新教学菜点

罗宗叶　黄文荣　主编

中国农业科学技术出版社

图书在版编目（CIP）数据

创新教学菜点/罗宗叶，黄文荣主编．—北京：中国农业科学技术出版社，2021.1

ISBN 978-7-5116-5119-8

Ⅰ.①创…　Ⅱ.①罗…　②黄…　Ⅲ.①菜谱　Ⅳ.①TS972.12

中国版本图书馆 CIP 数据核字（2021）第 016414 号

责任编辑　李冠桥
责任校对　李向荣
责任印制　姜义伟　王思文

出 版 者　中国农业科学技术出版社
北京市中关村南大街 12 号　　邮编：100081
电　　话　（010）82109705（编辑室）　（010）82109704（发行部）
（010）82109703（读者服务部）
传　　真　（010）82106625
网　　址　http：//www.castp.cn
经 销 者　各地新华书店
印 刷 者　北京建宏印刷有限公司
开　　本　710mm×1 000mm　1/16
印　　张　6.5
字　　数　117 千字
版　　次　2021 年 1 月第 1 版　2021 年 1 月第 1 次印刷
定　　价　49.00 元

《创新教学菜点》

编 委 会

内容简介

创新是一个民族的灵魂。同样，菜点创新是一个厨师生存发展的根本，更是必备的基本素质。借鉴、采集、仿制、翻新、立异、移植等方法从不同角度提供菜点创新的切入点，以期为中国烹饪饮食文化的日新月异贡献力量。

本书立足于烹饪教学和烹饪专业人才的需要，围绕目前比较流行的菜点，选择列举了大量在食材、调味技艺、中西结合、造型工艺等方面有所创新的菜点作品，并附有图片和文字说明。本书图文并茂，新颖实用，特色鲜明，对烹饪专业学生的知识拓展及职业发展，对专业教师教学水平的提高，对家庭烹饪都有极大的帮助。

前　言

菜点创新是餐饮企业赢得优势的核心，有创新的企业不一定能做大，但没有创新一定做不大。创新是企业的生命，菜点创新既是战略需要，也是生存需要。

为了更好地适应全国中等职业技术学校烹饪专业的教学要求，在注重培养具备良好的职业道德、扎实的烹饪基本功与娴熟的烹饪技能人才的基础上，培养学生的创新能力和创意思维，使其成为知识型、技能型、创新型人才。

为进一步满足企业对技能型、创新型人才的需求，本书以创新教学菜点为主线，介绍了在原料、调味、造型等方面有所创新、融合的菜点。全书共包含22道创新菜品，详细介绍了各菜品的原料配比、制作方法、制作关键及创意点。

本书图文并茂、内容翔实，科学实用、特色鲜明，基础性与创新性并重，可用于指导学生创意、创新菜品，拓展知识宽度，增强就业竞争力。

本书既适用于中等职业技术学校烹饪专业的师生，也适合对烹饪有兴趣的人士参考阅读。

由于时间和水平有限，本书难免存在不足之处，恳请各位读者批评指正。

编　者

2020年7月

目　录

翡 翠 鱼 花

活动导读

翡翠鱼花是根据鱼面创新而来的，造型优美，色彩艳丽，其形如花，其色如玉，其味鲜滑，意境宜人。翡翠鱼花精选草鱼，选料易得，肉质鲜美，老少皆宜，制作简单，是一道适合待客的家常菜肴。

实训指导

实训名称　翡翠鱼花

实训时间　4 学时

成品特点　鱼花嫩滑，碧绿汤清

主要环节　选料—原料初加工—取肉—制蓉—调味—顺一个方向搅拌至起劲—裱花—浸熟—装盘

实训内容

实训准备

主料：草鱼

辅料：上海青、枸杞、鸡蛋清

调料：盐、味精、生粉、料酒、清汤、胡椒粉

实训流程

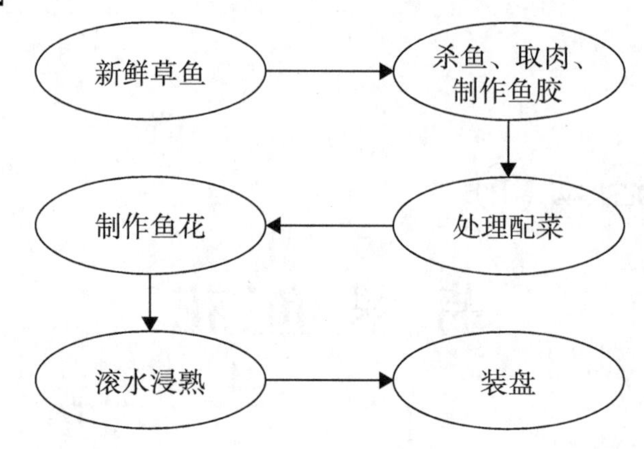

1. 原料

主料：草鱼 1 500 克。

辅料：上海青 300 克、枸杞 10 克、鸡蛋清 4 只。

调料：盐、味精、生粉、料酒、调和油、清汤、胡椒粉。

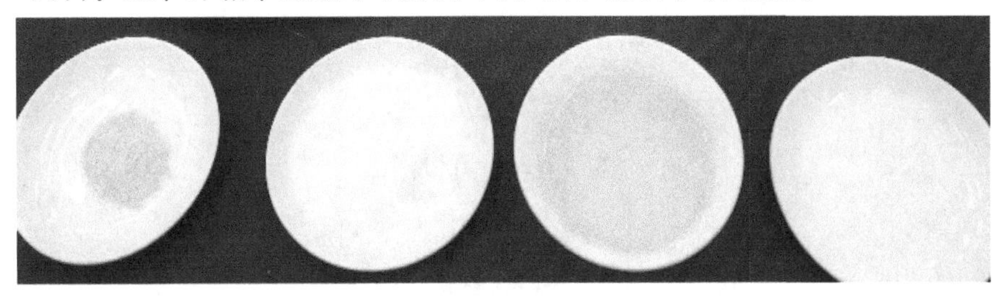

2. 制作方法

(1)草鱼起肉去红肉洗净吸干水分，切薄片放入饺肉机里加适量的清水搅成蓉，再将盐、蛋清、味精、胡椒粉、生粉、料酒放入拌成鱼胶；上海青取菜胆洗净，焯水待用；枸杞泡软。

(2)将鱼胶装入裱花袋，在不锈钢碗内裱上鱼花，加入滚开水慢慢浸熟，摆入汤盘里放菜胆、枸杞点缀。

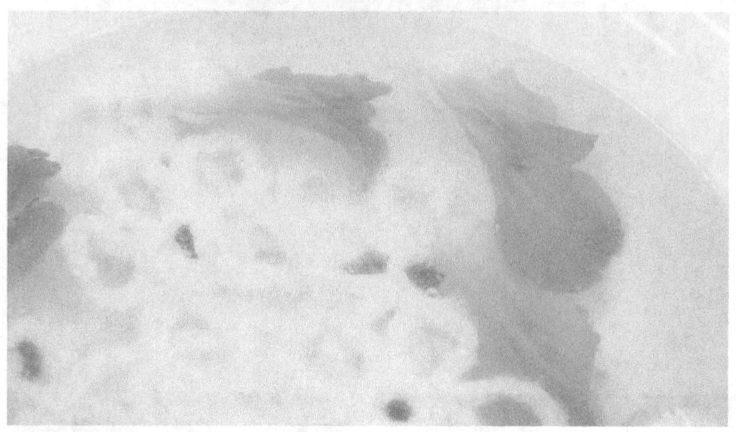

(3)用清汤加盐、味精调好味，烧开轻轻淋入汤盘中。

3. 成品要求

鱼花嫩滑，碧绿汤清。

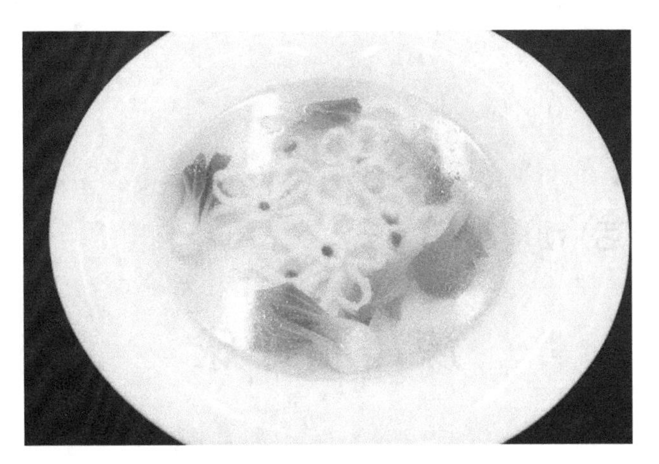

4. 制作关键

搅拌鱼胶时要顺一个方向搅拌，鱼肉才有劲。

辣酱明虾球

活动导读

这道菜摆盘十分漂亮，虾仁甜辣爽口，营养丰富，制作过程也较为简单，将虾仁裹上一层生粉，以便黏附上更多香辣的好味道，在天冷时，将虾球和着饭一口下肚，最对胃！

实训指导

实训名称　辣酱明虾球

实训时间　4 学时

成品特点　形象逼真，甜辣爽口

主要环节　选料—大明虾去壳取肉—盐水浸发—清水漂淡—冷藏—生粉拌匀，焯水，辣酱拌匀—冬瓜皮雕成叶子、蒜薹焯水—摆盘

实训内容

实训准备

主料：大明虾

辅料：蒜薹、冬瓜皮、番茜

调料：盐、味精、甜辣酱、生粉、调和油

实训流程

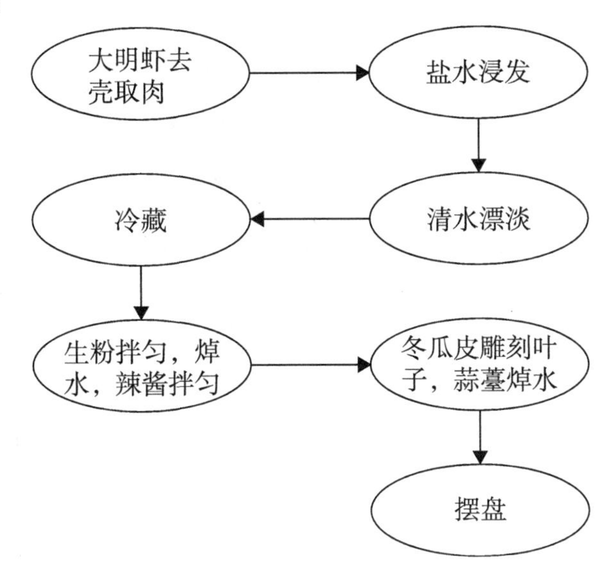

1. 原料

主料：大明虾 750 克。

辅料：蒜薹 100 克、冬瓜皮 3 大片、番茜。

调料：盐、味精、甜辣酱、生粉、调和油。

2. 制作方法

（1）大明虾去壳取肉在背部开 3 刀，放入浓盐水中浸发 2 小时，再用清水漂淡吸干水分，放入冰箱冷藏。

(2)冬瓜皮刻成叶子，连同蒜薹一起焯水冲冷待用。

(3)虾球用生粉拌匀放入调好味的汤中焯熟捞出，放入甜辣酱拌匀，在盘中摆成两朵牡丹花，用蒜薹、冬瓜皮刻成的叶子、番茜点缀即可。

3. 成品要求

形象逼真，甜辣爽口。

4. 制作关键

大明虾要去掉虾线。

红烧牛肉丸

活动导读

红烧牛肉丸是一款特别适合家庭制作的美食，肉丸色泽金红，吃起来有韧性。这道菜创新性地加入了马蹄，吃起来香脆可口，口味咸鲜，回味略甜，缓解了食用牛肉过多会产生的油腻。这道菜的制作方法简单，容易上手，特别适合家庭制作。

实训指导

实训名称　红烧牛肉丸

实训时间　4 学时

成品特点　咸鲜甜香，味道浓郁

主要环节　选料—牛肉剁蓉—调制肉馅—加入马蹄粒—制作肉丸—炸制—勾芡—摆盘

实训内容

实训准备

主料：牛肉

辅料：去皮马蹄、孜然粉、姜丝、洋葱丝

调料：盐、味精、烧汁、红酒、生粉、调和油、胡椒粉、冰糖、生抽

实训流程

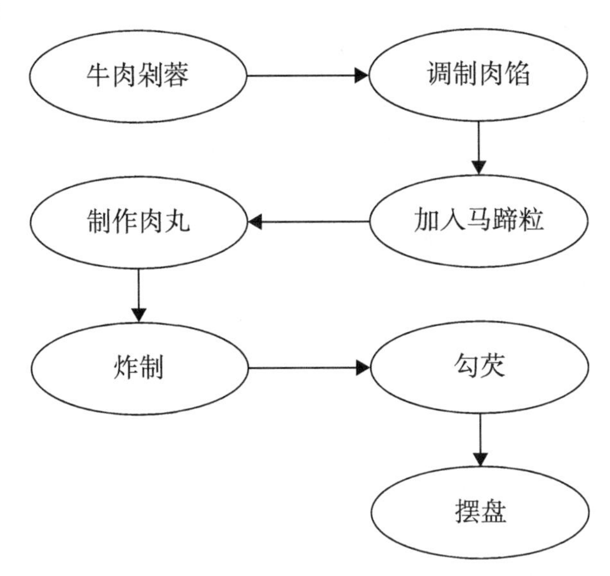

1. 原料

主料：牛肉500克。

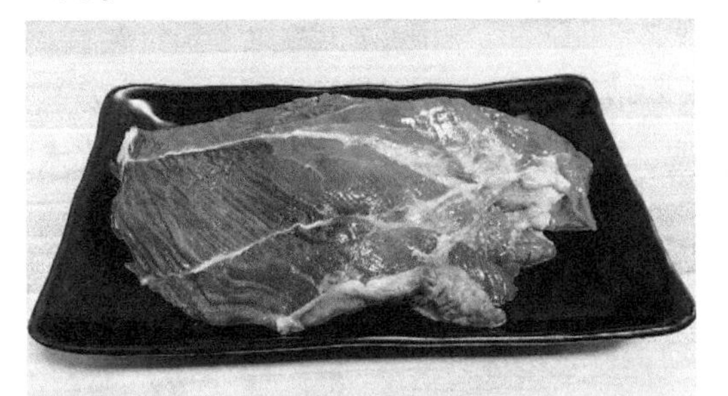

辅料：去皮马蹄100克，孜然粉、姜丝、洋葱丝各少许。

调料：盐、味精、烧汁、红酒、生粉、调和油、胡椒粉、冰糖、生抽各少许。

2. 制作方法

（1）牛肉剁蓉加盐、红酒、味精、胡椒粉、生粉，搅拌成肉馅，再将马蹄粒、孜然粉放入拌匀，分成等份丸子。

（2）将丸子放入六成热的油锅中炸至酥香，爆香姜葱丝，加适量水、烧汁、冰糖、生抽、盐、味精调好味，用湿生粉勾芡即放入牛肉丸拌匀出锅装盘，细姜丝点缀。

3. 成品要求

甜香味浓。

4. 制作关键

(1)选择新鲜的牛后腿肉，且不能打水和洗涤，存放时间不宜过长，否则打不成肉浆。

(2)搅拌一定要顺时针方向，否则做不成肉浆。

(3)炸制时油温不能过高，六成热(一成热约为 30℃)即可。温度过高，肉丸不容易炸透。

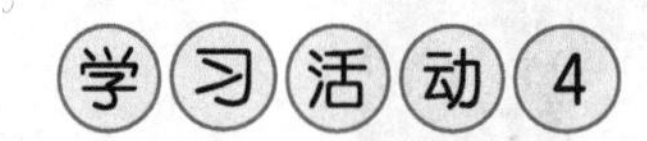

新派曲面海鲜球

活动导读

虾肉、墨鱼肉、鱿鱼、鲮鱼肉是人们经常食用的海鲜，这道菜创新性地将几种海鲜结合起来制作，将不同海鲜的鲜味集于一身，滋味鲜美，外香里嫩，造型惊艳，是一款令人愉悦的美食。

实训指导

实训名称　新派曲面海鲜球

实训时间　4学时

成品特点　外香里嫩

主要环节　选料—主料剁蓉—调制肉馅—加入马蹄粒—制作肉丸—炸制—勾芡—摆盘

实训内容

实训准备

主料：虾肉、墨鱼肉、鱿鱼、鲮鱼肉

辅料：去皮马蹄、方便面、薄荷叶

调料：盐、味精、胡椒粉、生粉、料酒、调和油

实训流程

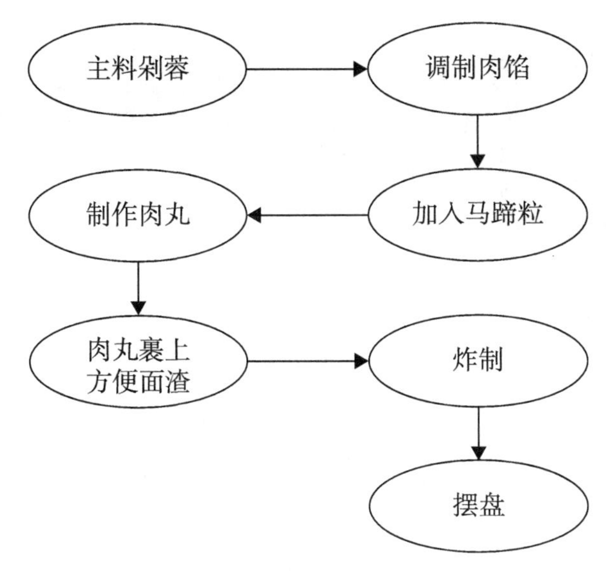

1. 原料

主料：虾肉、墨鱼肉、鱿鱼、鲮鱼肉各 200 克。

辅料：去皮马蹄 100 克、方便面、薄荷叶。

调料：盐、味精、胡椒粉、生粉、料酒、调和油。

2. 制作方法

(1)将主料剁蓉加盐、味精、料酒、胡椒粉、生粉搅拌成胶，马蹄切粒放入海鲜胶中拌匀，挤成等份肉丸。

(2)方便面轻压成小段，均匀地粘在肉丸上，放入六成热油锅中炸至熟透酥香，捞出沥干余油，薄荷叶点缀装盘。

3. 成品要求

外香里嫩。

4. 制作关键

(1)方便面渣不能过长。

(2)海鲜胶搅拌一定要顺时针方向，否则做不成肉浆。

(3)炸制时油温不能过高，六成热即可。温度过高肉丸不容易炸透。

生炒玉林牛巴

活动导读

玉林牛巴，广西壮族自治区玉林市的特产，中国国家地理标志产品。这道菜一改玉林牛巴传统的制作工艺，创新性地采用生炒方式烹调，减少了焖烧时间，可作为一道快收菜，其味醇香，甘甜可口，回味悠长，是逢年过节、佐酒佳品。

实训指导

实训名称　生炒玉林牛巴
实训时间　4 学时
成品特点　气味醇香，甘甜可口
主要环节　选料—牛肉切片—腌制—焖炒—摆盘

实训内容

实训准备

原料：牛肉

配料：姜蓉、葱蓉、蒜蓉

调料：食用油、盐、冰糖、生抽、姜汁酒、秘制牛巴酱、五香粉、甘松粉、甘草粉、胡椒粉

实训流程

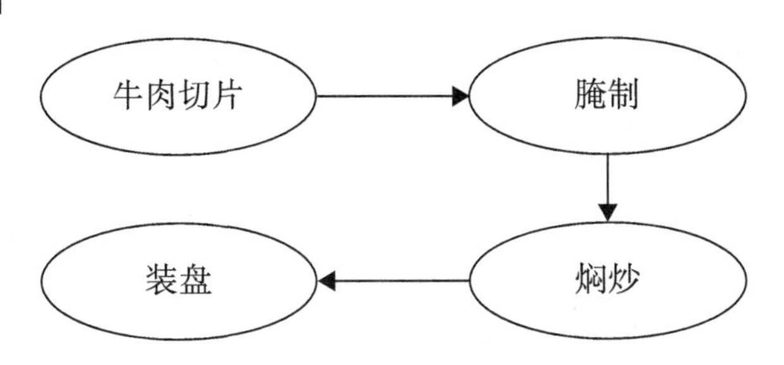

1. 原料

原料：牛肉1 000克。

配料：姜蓉、葱蓉、蒜蓉各15克。

调料：食用油1 500克，盐6克，冰糖150克，生抽10克，姜汁酒250克，秘制牛巴酱1小瓶，五香粉、甘松粉、甘草粉、胡椒粉少许。

2. 制作方法

(1)把牛肉片成厚0.5厘米、宽6厘米的片。

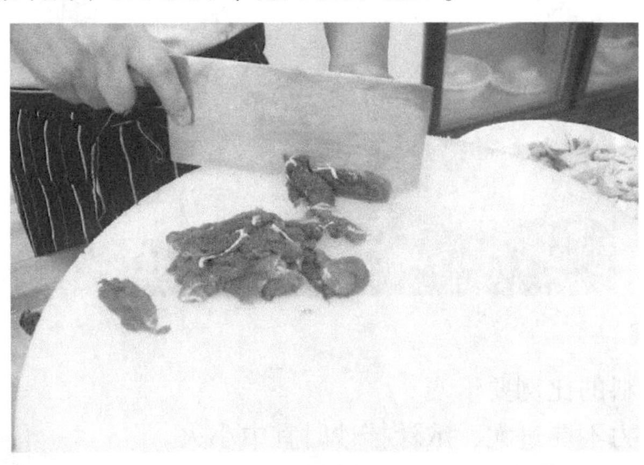

（2）腌制。用姜汁酒、盐、冰糖、五香粉、甘松粉、甘草粉、胡椒粉、生抽腌制 5 分钟，起油锅，油温六成浸炸干，捞起沥干油。

（3）起锅，下食用油，把配料爆香，下牛肉、调料，焖炒收汁，捞起切件装盘即成。

3. 成品要求

气味醇香，甘甜可口，越吃越有味。

4. 制作关键

（1）各种用料的比例要恰当。

（2）炒时火力不要过大，浓汁拌炒时宜中小火。

丹 凤 朝 阳

活动导读

这道菜制作过程稍显繁杂，但酸甜适中，外酥里嫩，味道极佳，且营养丰富，造型惊艳，宛若凤凰涅槃向日而生，给人生命蓬勃向上之感。

实训指导

实训名称　丹凤朝阳

实训时间　4学时

成品特点　色泽金黄，造型逼真，味酸甜适中，外酥里嫩

主要环节　草鱼剖杀清洗干净—除骨取肉，剞松子花刀—炸制—盐水浸泡、吸干水分—挂粉—勾芡、摆盘

实训内容

实训准备

主料：草鱼

配料：蒜蓉、姜蓉、葱蓉、玉米粉、淀粉

调料：调和油(耗油250克)、橙汁、盐、糖、清水

实训流程

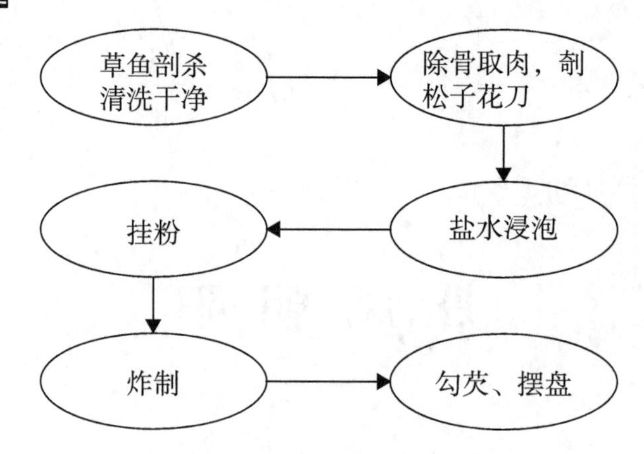

1. 原料

主料：草鱼一条 1 000 克。

配料：蒜蓉 3 克、姜蓉 5 克、葱蓉 3 克、玉米粉 250 克、淀粉 250 克 。

调料：调和油 1 500 克(耗油 250 克)、橙汁 50 克、盐 3 克、糖 75 克、清水 200 克。

2. 制作方法

(1)草鱼剖杀去内脏，刮鳞去腮刮黑膜冲洗干净。

(2)整鱼分档，除骨取肉，剞松子花刀，切割成 3 条凤尾备用。

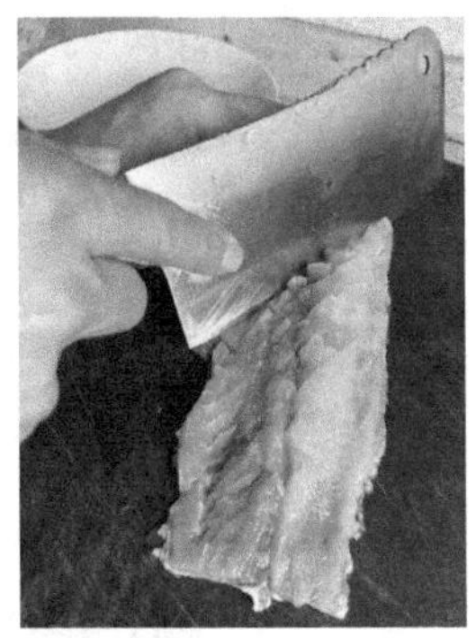

(3)用盐水浸泡，把肉捞起，清水冲洗，搓干水分，打鸡蛋下去粘上玉米粉。

(4)起油锅，油温烧至六成，放鱼浸炸，外酥里嫩，捞起装盘。

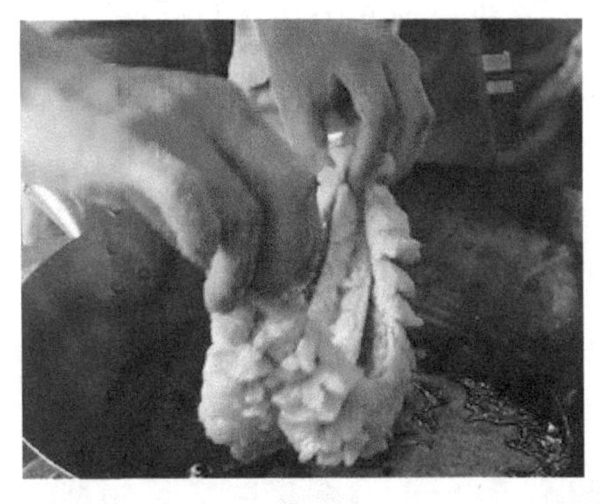

(5)起锅爆香蒜蓉、姜蓉、葱蓉后捞出，放橙汁、清水、糖、淀粉，勾芡淋上，装雕刻好凤头即成。

3. 成品要求

色泽金黄，造型逼真，味酸甜适中，外酥里嫩。

4. 制作关键

(1)草鱼剖杀冲洗干净，否则鱼腥味不易除净。

(2)鱼浸炸时间不宜过久，达到色泽金黄即可。

雪中送炭

活动导读

这是一道极具新意和心意的菜肴。海参常见的做法是葱烧，这里创新性地与鱼胶结合，酿制而成，既保留了鱼肉的鲜美滑嫩，又饱含海参的柔软醇厚。造型似黑白分明，视觉冲击强烈，既突出了“雪”的清寒寂寥，又体现了“炭”的醇厚温暖，正如其名“雪中送炭”，是一道暖人心胃的佳肴。

实训指导

实训名称　雪中送炭
实训时间　4 学时
成品特点　造型逼真、清鲜柔软、香滑味醇
主要环节　海参冲洗干净—煨制入味—蒸制—打制鸡蛋清—摆盘

实训内容

实训准备

主料：水发辽参、鱼胶
配料：京葱、姜片、蒜、鸡蛋清、糖
调料：食用油、鲍汁、味精、蚝油、糖、黄酒、淀粉

实训流程

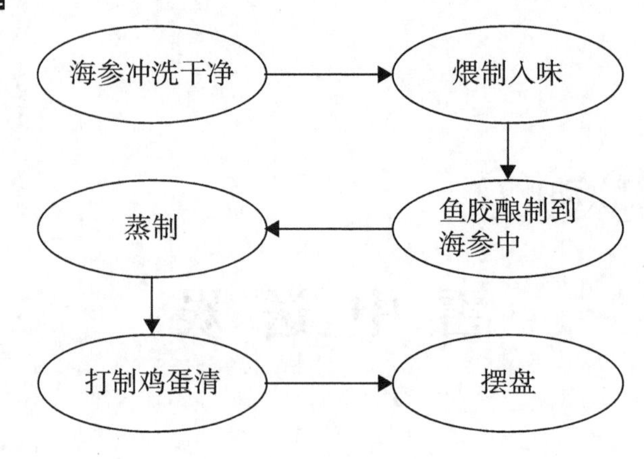

1. 原料

主料：水发辽参 6 条、鱼胶 150 克。

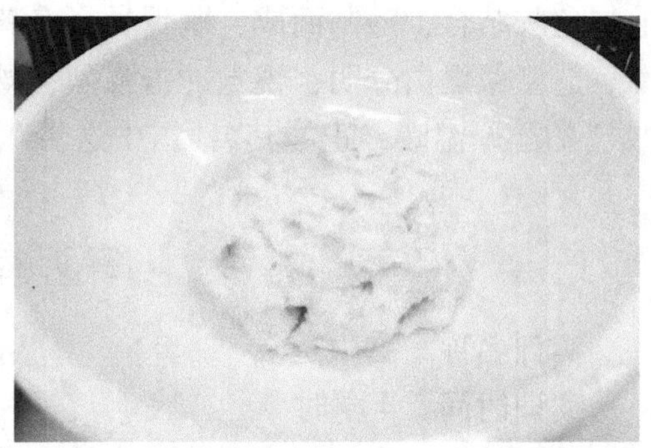

配料：京葱 50 克、姜片 20 克、蒜 15 克、鸡蛋清 4 只、糖 50 克(打雪山用)。

调料：食用油 250 克、鲍汁 10 克、味精 3 克、蚝油 3 克、糖 3 克、黄酒 15 克、淀粉 10 克。

2. 制作方法

(1)把发好海参冲洗干净，用京葱段、姜片、蒜爆香，加入鲍汁、蚝油、味精、黄酒煨制入味捞出备用。

(2)把煨制好海参酿鱼胶放到蒸柜中，中火蒸5分钟至熟拿出来，原汁勾芡。

(3)把鸡蛋清加糖用打蛋器打制成假山，摆盘即可。

3. 成品要求

造型逼真、清鲜柔软、香滑味醇。

4. 制作关键

(1)将海参提前用冷水浸泡 12 小时，将海参沿腹部剪开。

(2)取出沙嘴、内筋和杂质，将海参冷水下锅，大火烧开煮 15 分钟。

(3)煮好后继续用冷水泡 48 小时。

金汤鲜鱼丸

活动导读

虫草花中有着丰富的营养物质，如丰富的氨基酸、维生素、矿物质，还含有虫草多糖、虫草酸、甘露醇、SOD(超氧化物歧化酶)、肝蛋白、腺苷、虫草素等。虫草花的营养成分与冬虫夏草相近，可以作为冬虫夏草的替代品，滋补身体，加强免疫力。这道金汤鲜鱼丸配以虫草花、枸杞等，不仅味道鲜美爽脆，亮丽清香，而且可以滋补身体，提高免疫力，还可以抗衰老，是一道养生佳品。

实训指导

实训名称　金汤鲜鱼丸

实训时间　4学时

成品特点　鱼丸鲜美爽脆，金汤亮丽清香

主要环节　草鱼宰杀取肉—搅拌成蓉—摔打起胶—制作鱼丸—高汤炖烧—摆盘

实训内容

实训准备

主料：草鱼

辅料：上海青、虫草花、鹰粟粉、蛋清、鸡汤(清汤)

调料：盐、味精、枸杞、白胡椒粉

实训流程

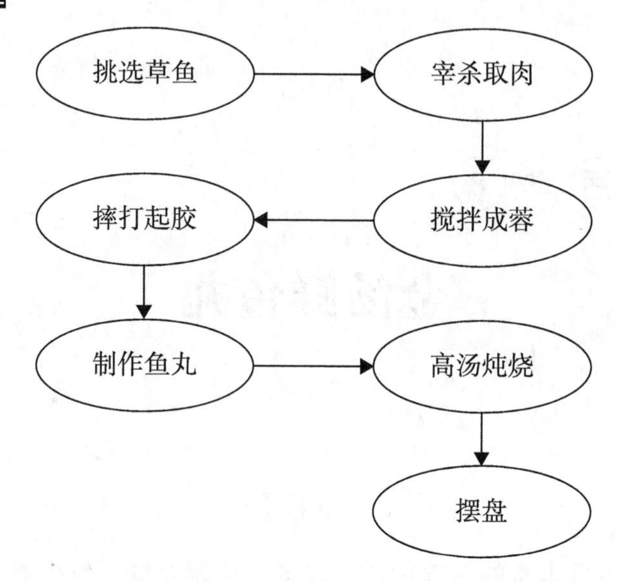

1. 原料

主料：草鱼一条(1 500 克左右)。

辅料：上海青 50 克、虫草花少许、鹰粟粉 15 克、蛋清 3 个、鸡汤(清汤)300 克。

调料：盐 6 克、味精 3 克、枸杞少许、白胡椒粉 3 克。

2. 制作方法

(1)草鱼宰杀取肉，去掉鱼刺、鱼皮，把红色鱼肉部分去掉只保留白色鱼肉。

(2)将处理好的鱼肉用毛巾吸干水分，切薄片放入绞肉机，加入盐、味精、鹰粟粉、蛋清搅拌成蓉。

(3)将鱼蓉取出顺着方向搅拌、摔打 5 分钟，起胶。

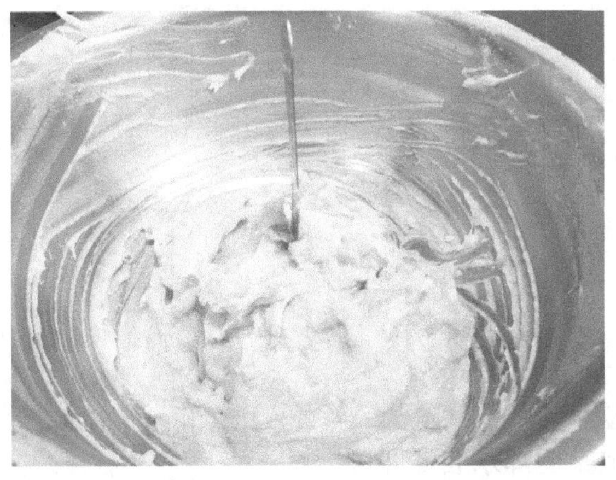

(4)起锅烧水，烧开后端离火位，将鱼蓉挤成鱼丸放入锅中定型。

(5)另起锅加入用虫草花、枸杞炖制的鸡汤，烧开后放入鱼丸，小火慢炖 15 分钟，加入少许盐、胡椒粉调味装盘。

(6)上海青取菜胆焯水装饰即可。

3. 成品要求

鱼丸鲜美爽脆，金汤亮丽清香。

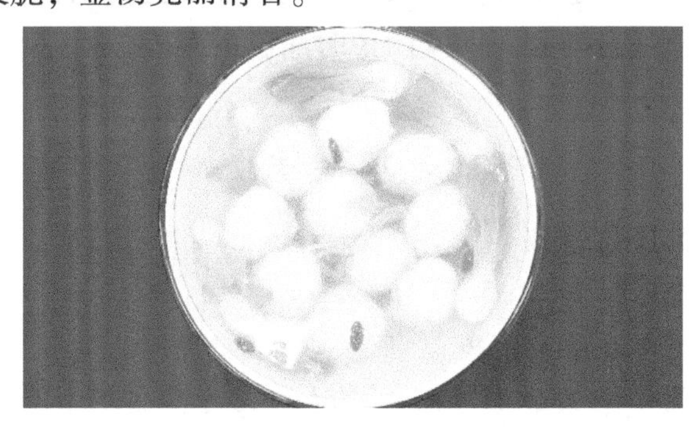

4. 制作关键

(1) 草鱼要新鲜，最好大些。

(2) 鱼蓉要顺一个方向搅拌。

(3) 浸时水温控制在90℃左右。

喜庆灯笼鱼

活动导读

这道菜正如其名，造型极其喜庆，有鸿(红)运当头的吉祥寓意，味道又鲜美醇厚，是一道适合与家人朋友团聚时品尝的菜肴。

实训指导

实训名称 喜庆灯笼鱼

实训时间 4学时

成品特点 鲜美味醇，形象逼真

主要环节 草鱼宰杀取肉—搅拌成蓉、起胶—茄子中酿鱼蓉—摆型—蒸制—摆盘勾芡

实训内容

实训准备

原料：草鱼

辅料：茄子、红萝卜、青瓜、虫草花

调料：生粉、鹰粟粉、盐、味精、白胡椒粉、蛋清、高汤、食用油

实训流程

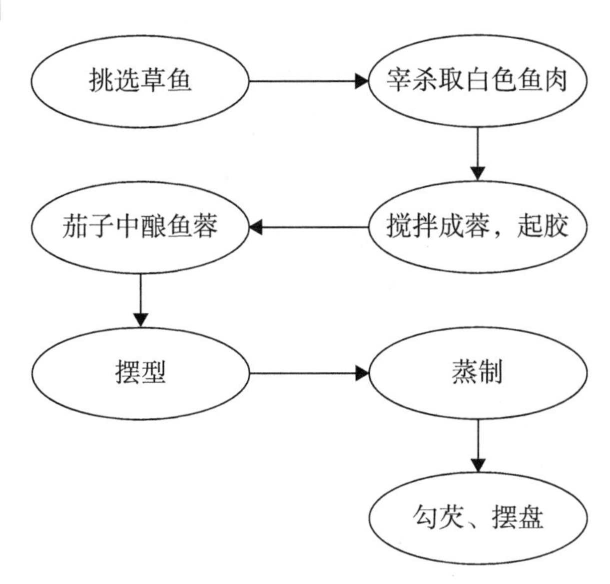

1. 原料

原料：草鱼一条(1 500 克左右)。

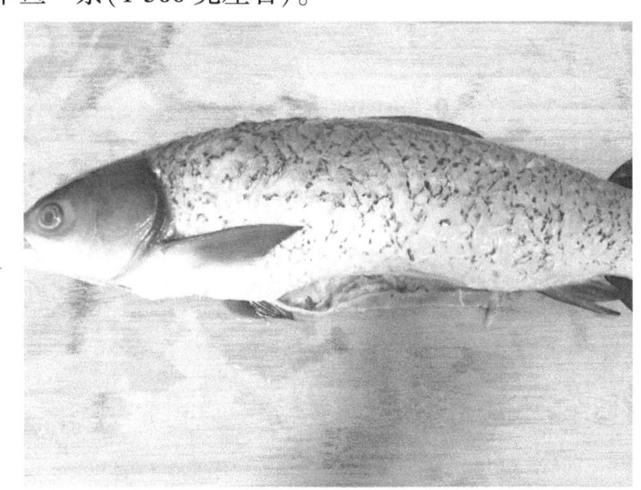

辅料：茄子 250 克、红萝卜 50 克、青瓜 50 克、虫草花 20 克。

调料：生粉 100 克、鹰粟粉 15 克、盐 6 克、味精 3 克、白胡椒粉 3 克、蛋清 3 个、高汤 100 克、食用油 50 克。

2. 制作方法

(1) 草鱼宰杀取肉，去掉鱼刺、鱼皮，只保留白色鱼肉。

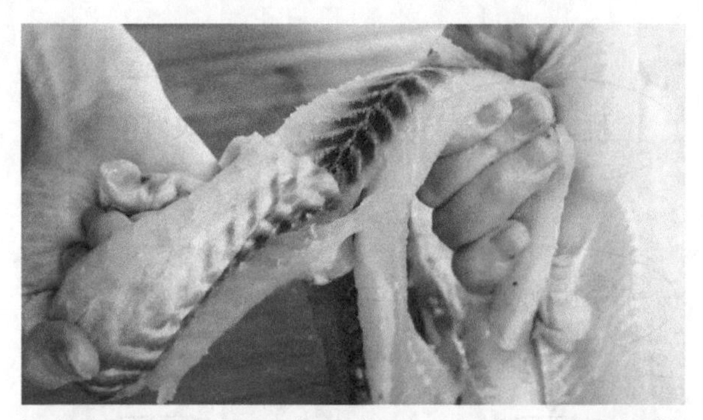

(2)将处理好的鱼肉用鱼生纸或毛巾吸干水分，制成鱼蓉，加入调料。

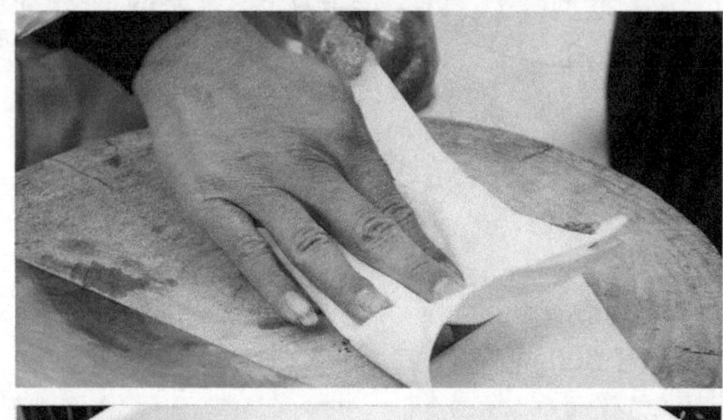

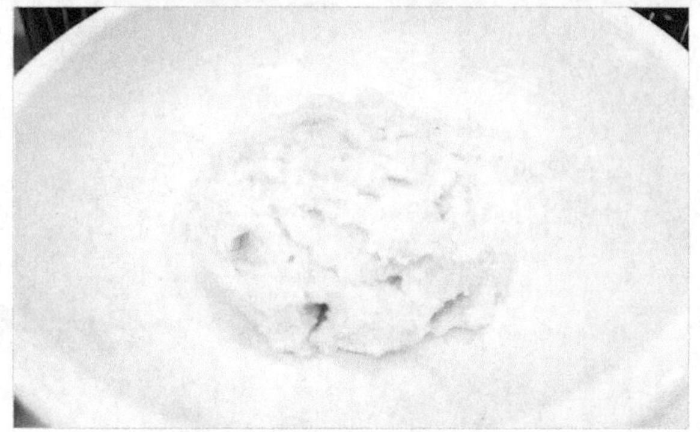

(3)将切好的茄子拍生粉并酿入鱼蓉抹平至光滑。

(4)将青瓜、红萝卜改刀和虫草花、酿好的茄子摆成灯笼形状。

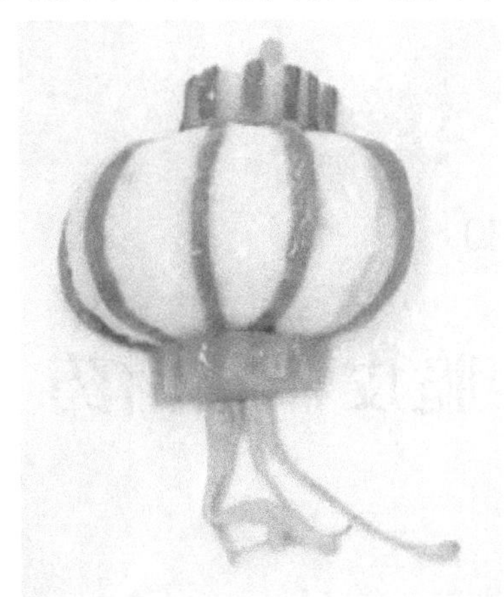

(5)上蒸笼蒸 4 分钟取出，用高汤、生粉、食用油勾芡即可。

3. 成品要求

鲜美味醇，形象逼真。

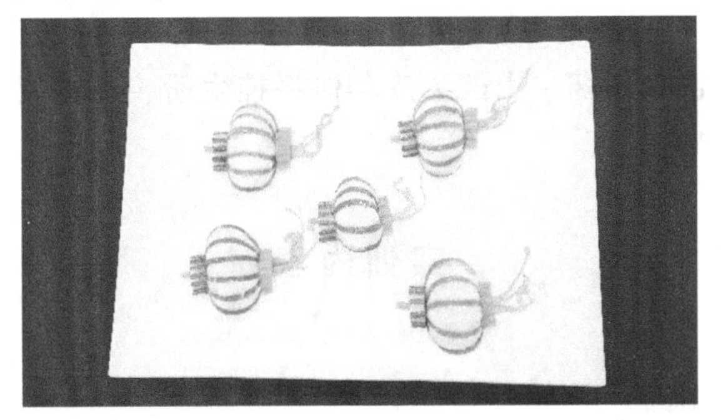

4. 制作关键

鱼蓉要顺一个方向搅拌。

脆皮桂花山药

活动导读

八月桂花香，香气四溢。山药益脾胃，减肥降脂，是美味又保健的佳品。所以桂花山药香气柔和，非常可口，实实在在的美味又营养，而且制作快速简单。而今天这道脆皮桂花山药在制作过程中添加了朗姆酒，使成菜增加了酒的馥郁香气，颇具新意。

实训指导

实训名称　脆皮桂花山药

实训时间　4学时

成品特点　外酥里嫩，唇齿留香

主要环节　选择山药—山药去皮蒸制—挂生粉、裹蛋液、滚上面包糠—炸制—摆盘

实训内容

实训准备

原料：铁棍山药

辅料：朗姆酒、桂花酱

调料：盐、面包糠、生粉、食用油、鸡蛋

实训流程

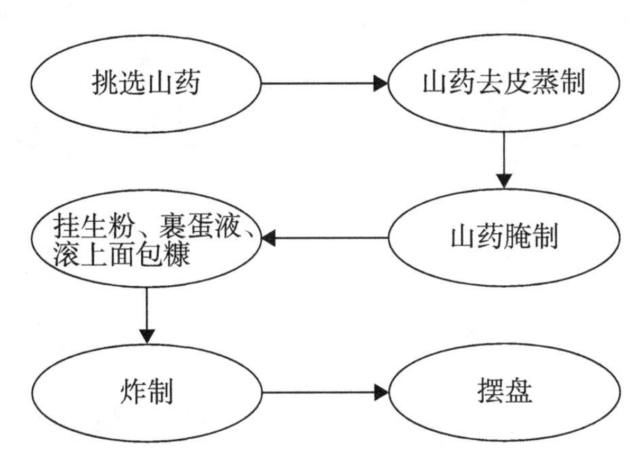

1. 原料

原料：铁棍山药250克。

辅料：朗姆酒少许，桂花酱200克。

调料：盐5克、面包糠300克、生粉100克、食用油500克、鸡蛋3个。

2. 制作方法

(1)将山药去皮上蒸笼蒸15分钟至熟，取出用100克桂花酱、朗姆酒、盐腌制20分钟。

(2)将山药切段拍上生粉裹上蛋液，外面拍上面包糠。

(3)食用油烧至六成热，放入山药炸至金黄色取出摆盘，配上桂花蘸酱即可。

3. 成品要求

外酥里嫩，唇齿留香。

4. 制作关键

部分人在给山药去皮时容易发生过敏，出现如瘙痒、红肿、刺痛，因此尽量戴上一次性手套。

糯米板栗鸭肉卷

活动导读

鸭肉具有养胃滋阴、清肺解热、大补虚劳、利水消肿之功效，糯米具有补中益气、健脾养胃的功效，板栗具有健脾养胃、止血消肿、强筋健骨的功效，三者同食可以达到十分显著的养胃、益气之食疗功效。这道菜是以糯米、板栗和鸭肉为主的菜品，老少皆宜，做法简单，味道鲜美。

实训指导

实训名称　糯米板栗鸭肉卷

实训时间　4 学时

成品特点　造型美观，味道鲜美

主要环节　选择福绵鸭—福绵鸭去骨—制作卤水、腌制—蒸制糯米和板栗—制作鸭肉卷—卤制—冷藏—切片装盘

实训内容

实训准备

主料：福绵鸭

配料：糯米、板栗

调料：盐、胡椒粉、生抽、老抽、冰糖、八角、桂皮、小茴香、陈皮、草果、甘草等

实训流程

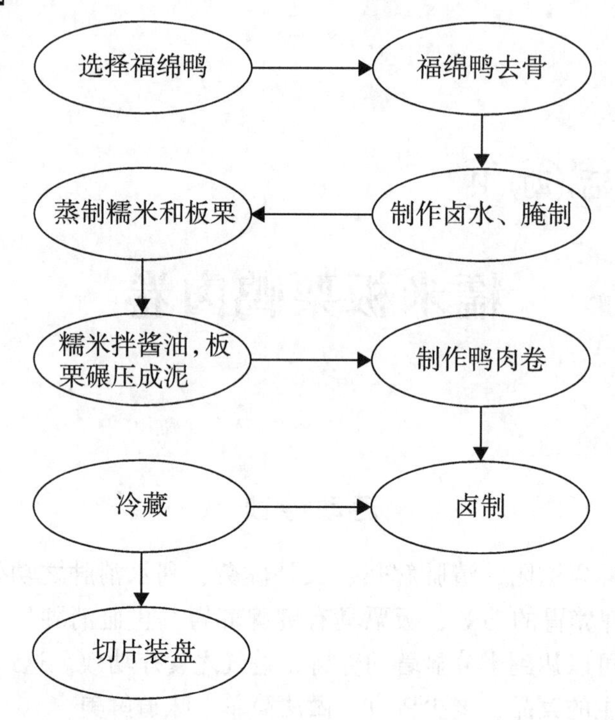

1. 原料

主料：福绵鸭 1 只。

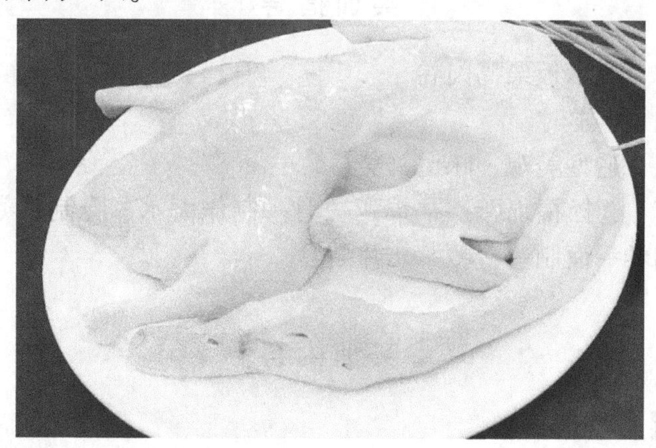

配料：糯米 100 克、板栗 100 克。

调料：八角、桂皮、小茴香、陈皮、草果、甘草、盐、胡椒粉、生抽、老抽、冰糖各少许。

2. 制作方法

(1)先将八角、桂皮、小茴香、陈皮、草果、甘草、生抽、老抽、冰糖等制作好卤水。

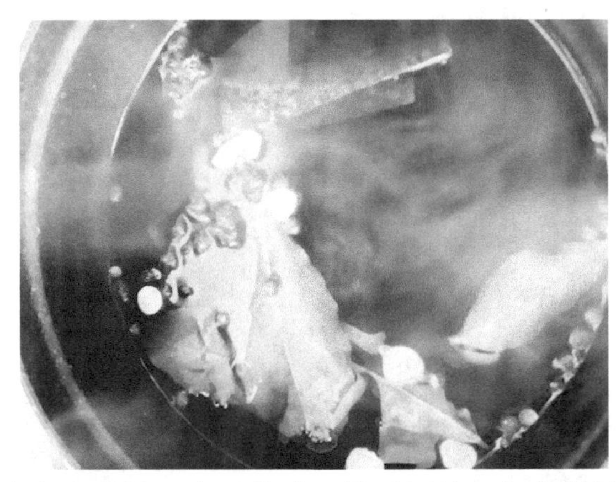

(2)将福绵鸭半边脱骨，皮不能破，然后用盐、胡椒粉腌制。

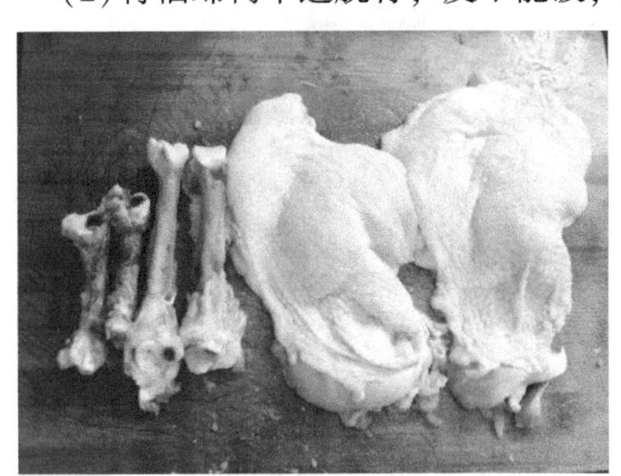

(3)将糯米和板栗蒸熟，板栗用刀压成板栗蓉，糯米饭用生抽调味，然后混合在一起。

(4)将糯米和板栗蓉酿到脱好骨的鸭肉里，卷成条状，用竹板和线把它

绑紧。将鸭肉卷放到卤水里小火卤 20 分钟，然后放在卤水里浸泡 30 分钟。

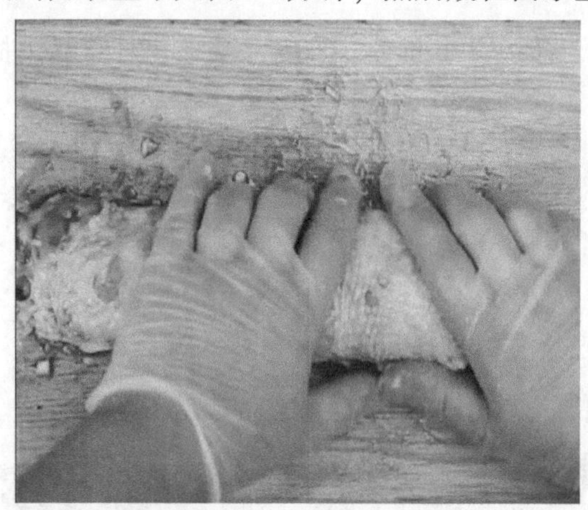

(5)将卤好的鸭卷放到冰箱里保鲜冷却 1 小时后，即可切厚片装盘。

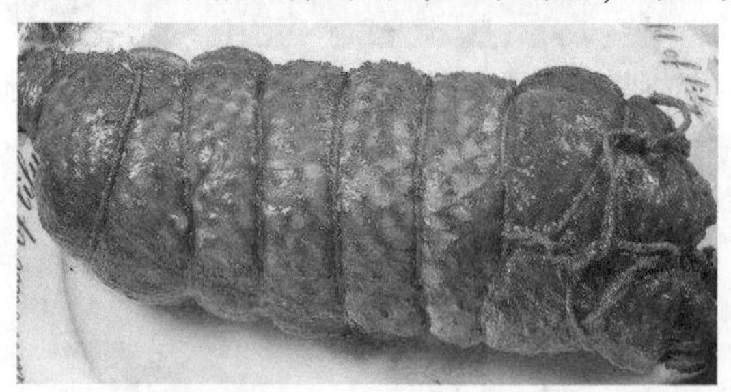

3. 成品要求

造型美观，味道鲜美。

4. 制作关键

(1)福绵鸭半边脱骨，皮不能破。

(2)鸭肉卷需要用竹板和线绑紧。

杧果牛巴蔬菜卷

活动导读

杧果具有益胃止呕、解渴利尿的功效，木瓜具有健胃消食的功效，杧果和木瓜清甜爽口，是不少人喜爱的水果，营养丰富，汁水丰多，含有多种营养，配以蔬菜和牛巴，是炎炎夏日里一道沁人心脾的开胃佳肴。

实训指导

实训名称　杧果牛巴蔬菜卷

实训时间　4 学时

成品特点　酸甜香辣、开胃爽口

主要环节　挑选主料—杧果、木瓜、牛巴切丝—香菜切段—拌制—制作生菜卷—摆盘

实训内容

实训准备

主料：杧果、玉林牛巴、生菜

辅料：生木瓜、香菜、葱

调料：泰国辣椒酱、盐、糖、醋

实训流程

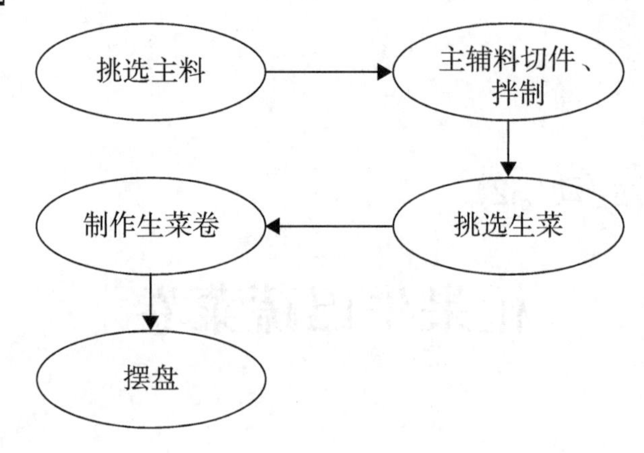

1. 原料

主料：杧果1个、玉林牛巴适量、生菜1棵。

辅料：生木瓜1个、香菜适量、葱少许。

调料：泰国辣椒酱、盐、糖、醋各少许。

2. 制作方法

(1)将杧果、木瓜切丝，香菜切段，玉林牛巴切丝。

（2）将生菜叶挑鲜嫩的部分。

（3）将切好的杧果丝、木瓜丝、香菜，用泰国辣椒酱、盐、糖、醋等调好味，再将切好丝的牛巴，拌在一起。

（4）用生菜叶将拌好的原料卷好，用葱将其绑好，整齐地摆在长碟内即可。

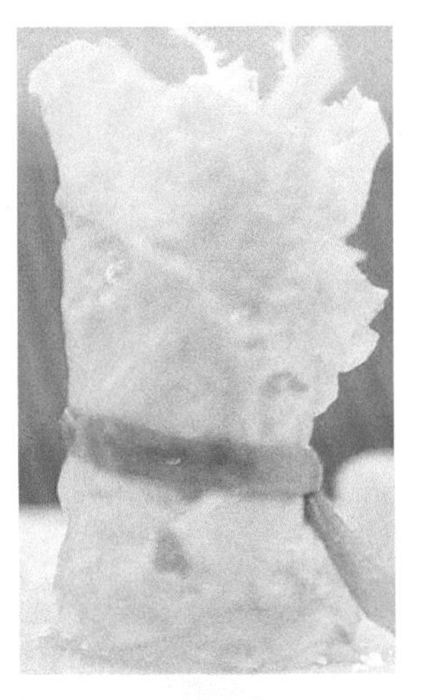

3. 成品要求

酸甜香辣、开胃爽口。

4. 制作关键

木瓜、杧果和生菜选料要新鲜。

学习活动13

柠 香 鸡 翅

活动导读

柠檬有抗坏血病、预防感冒、防止和消除皮肤色素沉着等作用，与鸡翅搭配可消除油腻，开胃提神、生津止渴。

实训指导

实训名称　柠香鸡翅

实训时间　4 学时

成品特点　汁多肉嫩，柠檬清香

主要环节　挑选主料—鸡翅扎孔、腌制—配料切碎备用—炸制鸡翅点缀、装盘

实训内容

实训准备

主料：鸡中翅

辅料：洋葱、西芹、胡萝卜、柠檬叶

调料：柠檬、盐、白胡椒、料酒、食用油

实训流程

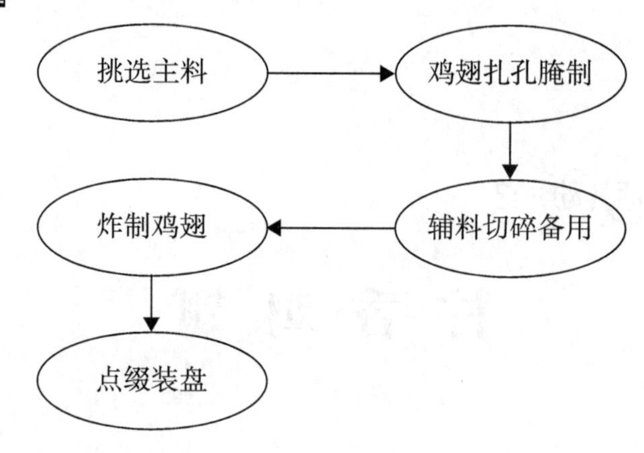

1. 原料

主料：鸡中翅 12 个。

辅料：洋葱、西芹、胡萝卜、柠檬叶各少量。

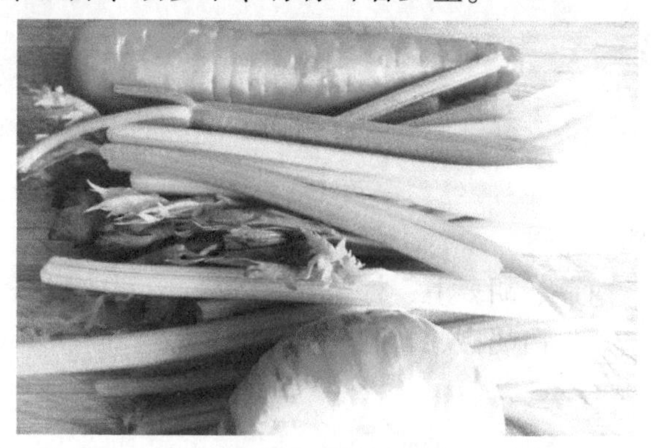

调料：柠檬、盐、白胡椒、料酒、食用油各少许。

2. 制作方法

(1) 清洗腌制主料，辅料切碎备用。

(2) 鸡翅洗干净滤干水分，竹签插孔备用。

(3) 加调料一起腌制鸡翅 1 小时。

(4) 油温烧至六成热，然后炸至成熟，表皮金黄，装盘，淋上少许柠檬汁，配以柠檬装饰即可。

3. 成品要求

汁多肉嫩，柠檬清香。

4. 制作关键

(1) 鸡翅要腌制入味。

(2) 油温要控制好。

凉拌胡椒手撕牛肉

活动导读

手撕牛肉是汉族传统经典的名菜，也被归纳为北京宫廷菜，创始人为四川地区居民，后被改良并发扬光大，流传至今。这道凉拌胡椒手撕牛肉加入胡椒进行烹制，风味独具，适合作为零食或佐酒。

实训指导

实训名称　凉拌胡椒手撕牛肉

实训时间　4 学时

成品特点　卤香味浓，胡椒风味独特

主要环节　挑选主料—高压锅焖煮牛肉—牛肉撕成丝—切配料—制作调味汁—拌匀装盘

实训内容

实训准备

主料：牛肉

配料：洋葱、圆椒、香菜、芝麻

调料：八角、桂皮、陈皮、姜、葱、柱侯酱、盐、生抽、老抽、蒜子、香菜、蚝油、味精、花椒、黑胡椒粒、花生油

实训流程

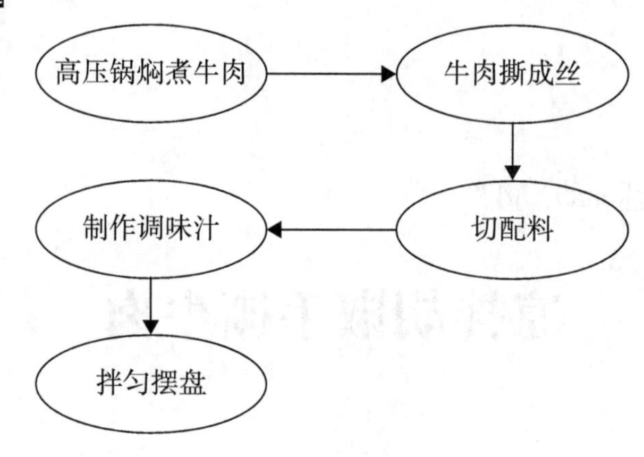

1. 原料

主料：牛肉 350 克。

配料：洋葱、圆椒、香菜、芝麻各少量。

调料：八角、桂皮、陈皮、姜、葱、柱侯酱、盐、生抽、老抽、蒜子、香菜、蚝油、味精、花椒、黑胡椒粒、花生油各少许。

2. 制作方法

(1)高压锅内加冷水，放入清洗干净的牛肉、八角、桂皮、陈皮、黑胡椒粒、姜、葱、柱侯酱、盐、生抽、蚝油适量，煮 30 分钟。

(2) 把牛肉取出放凉，撕成丝备用。

(3) 清洗洋葱、圆椒、香菜，切丝、切段备用。

(4)锅中少量水加入黑胡椒粒、花椒，煮出味，滤掉胡椒和花椒，加入盐、生抽、蚝油、味精、柱侯酱制成调味汁备用。

(5)牛肉丝加洋葱丝、圆椒丝、蒜米、花生油，调味汁拌匀装盘，香菜段和芝麻装饰即可。

3. 成品要求

卤香味浓，胡椒风味独特。

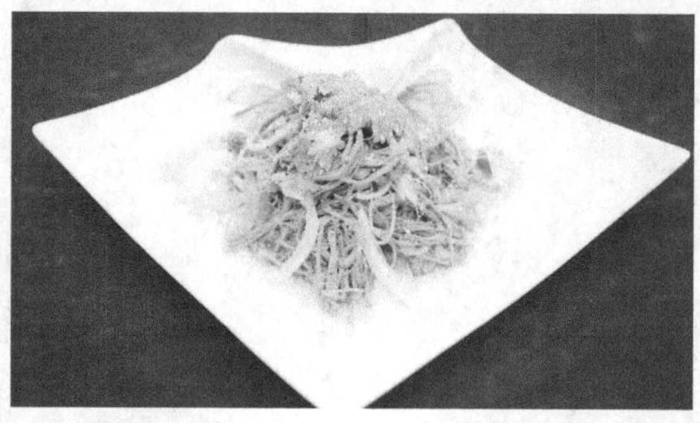

4. 制作关键

牛肉要煮至软趴不散。

淮山芝士球/芝士淮山球

活动导读

现在人们的生活越来越好，物质生活不断提升，尤其是在饮食这一方面，现在网上流行“爆浆”的美食，就是把芝士放在食物的里面，经过高温之后芝士就会融化掉，咬上一口满满的芝士立马迸发出来，特别好吃。今天这道菜就是创新性地采用淮山药和芝士做的“爆浆”山药球，外酥里糯的简单做法，芝士爱好者必学！

实训指导

实训名称　淮山芝士球/芝士淮山球

实训时间　4学时

成品特点　成品金黄，口感软绵，芝士风味独特

主要环节　挑选主料—淮山切段，蒸熟，去皮—制作山药泥—制作芝士山药球—裹鸡蛋液和面包糠—炸制—装盘

实训内容

实训准备

主料：淮山

辅料：糯米粉、白糖、牛奶、鸡蛋、面包糠、食用油、芝士(奶酪)

实训流程

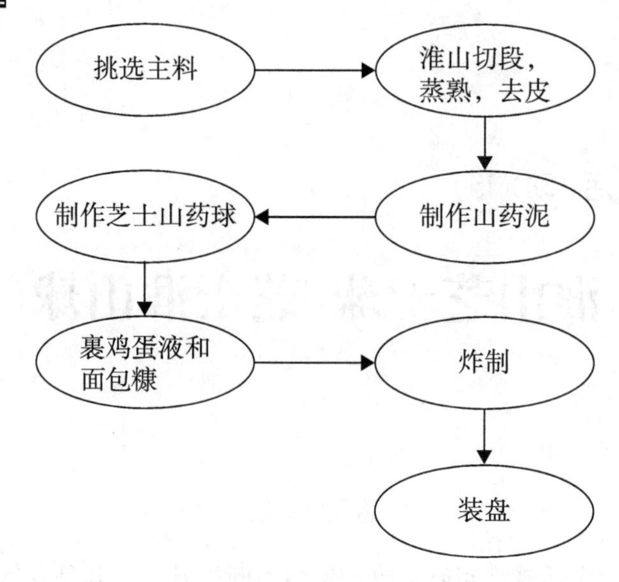

1. 原料

主料：淮山 350 克。

辅料：糯米粉、白糖、牛奶、鸡蛋、面包糠、食用油、芝士(奶酪)适量。

2. 制作方法

(1)淮山切段，蒸熟，去皮。

(2)把淮山压成泥，加入少许糯米粉、白糖、牛奶和匀。

(3)分成每份 30 克，包入芝士(碎奶酪)，搓成圆球。

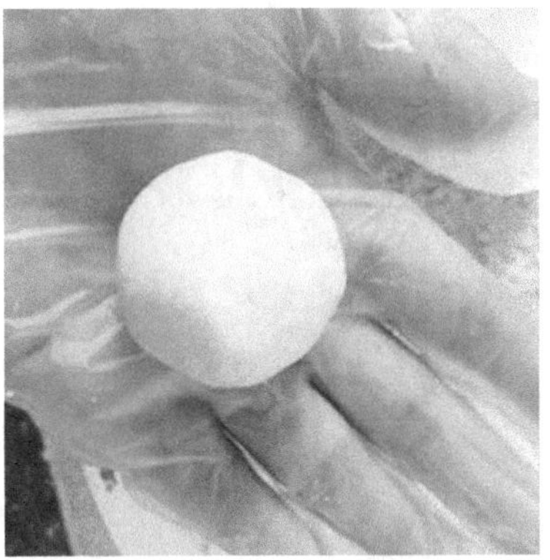

(4)裹鸡蛋液和面包糠。

(5)烧至油温六成热下锅，炸到表面金黄捞出控油，装盘即可。

3. 成品要求

成品金黄，口感软绵，芝士风味独特。

4. 制作关键

(1) 选粉绵的淮山。

(2) 和成细腻泥状。

(3) 软硬适中。

(4) 油温不宜过高。

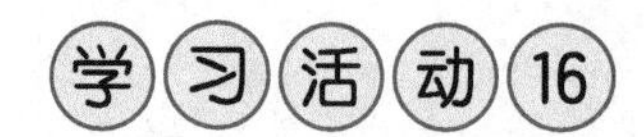

木瓜鲜虾球

活动导读

木瓜是生活中常见的一种水果，因为营养价值高，很多人都喜欢吃。这道菜将木瓜和鲜虾结合起来，让人们既品尝了鲜虾的爽脆鲜醇，又品尝了木瓜的清香甜美，具有排毒抗癌，开胃化痰，提高免疫力的功效。

实训指导

实训名称　木瓜鲜虾球

实训时间　4 学时

成品特点　清香爽脆，味美鲜醇

主要环节　挑选主料—虾去壳、改刀—腌制虾仁—木瓜切件—快炒勾芡—摆盘

实训内容

实训准备

主料：鲜大虾

辅料：水果木瓜、鸡蛋

调料：淀粉、姜、葱、味精、盐、料酒、香油、植物油、胡椒粉

实训流程

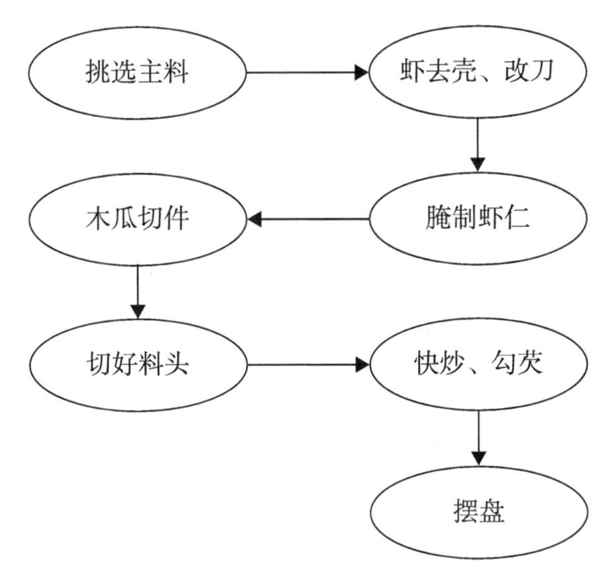

1. 原料

主料：鲜大虾 10 余个。

辅料：水果木瓜 1~2 只、鸡蛋 1 个。

调料：淀粉 5 克，姜、葱、味精、盐、香油、植物油、胡椒粉各适量。

2. 制作方法

(1)虾去壳、去虾线，洗净用毛巾吸干水分，在虾背部片 2 刀，加入盐、蛋清、胡椒粉、淀粉搅拌均匀，入冰箱 2 小时后拿出待用。

(2)木瓜去皮洗净，片成1厘米厚的片，用直径6厘米的圆模压成圆形片约6个。

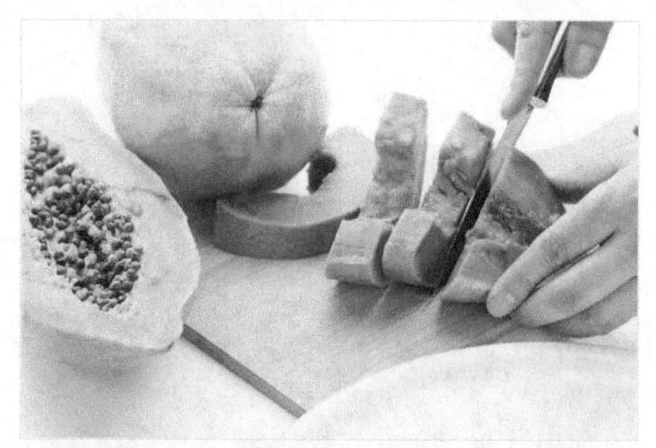

(3)姜去皮，葱去根，洗净切好做料头用。

(4)剩余木瓜用搅拌机打成碎蓉，用纱布包裹抓出木瓜汁后，下锅调味，烧开后勾芡，下香油和植物油装碗待用。

(5)锅中烧油，爆香料头，倒入虾球、料酒，快炒至熟，倒入装有木瓜茓的碗中。

(6)把已压成圆片的木瓜烫熟，均匀地摆入盘中，虾球从碗中拿出放置在木瓜片上即成。

3. 成品要求

清香爽脆，味美鲜醇。

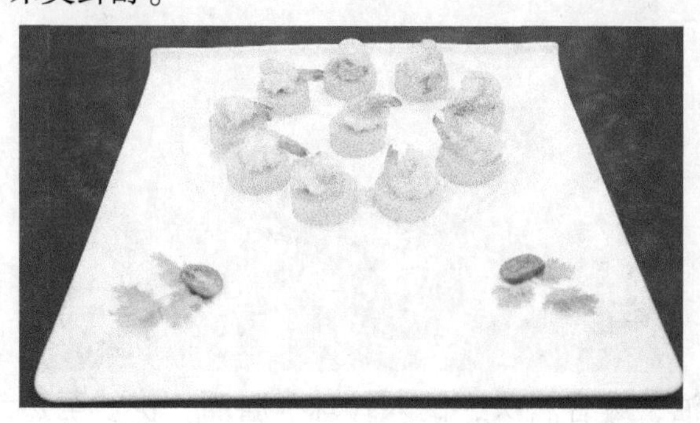

4. 制作关键

虾要清洗干净，挑去虾线。

学习活动 17

南 瓜 鱼 丸

活动导读

南瓜有很好的养胃功效，通常人们会用南瓜做面食，而这道菜创新性地用南瓜搭配鱼肉制成鱼丸，营养丰富，嫩滑鲜美。

实训指导

实训名称　南瓜鱼丸

实训时间　4 学时

成品特点　清淡嫩滑，爽口味美

主要环节　挑选主料—鱼浆和南瓜蓉搅拌、上劲—制作鱼丸—煮熟—摆盘—勾芡

实训内容

实训准备

食材：鱼浆、南瓜蓉

辅料：鸡蛋、青瓜

调料：味精、生粉、胡椒粉、盐、植物油

实训流程

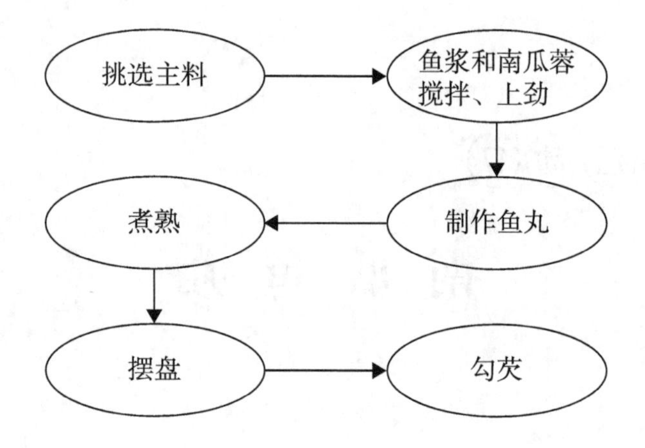

1. 原料

食材：鱼浆300克、南瓜蓉200克。

辅料：鸡蛋1个、青瓜5厘米厚10片。

调料：味精5克、生粉30克、胡椒粉3克、盐4克、植物油少许。

2. 制作方法

(1)鱼浆和南瓜蓉放容器里，加盐、味精、蛋清、生粉、胡椒粉搅拌均匀，直至有黏性即可。

(2)锅中放水，开小火，左手取适量的鱼蓉，挤成鱼丸，用汤匙接住放入水中，重复步骤直至鱼浆用完。将鱼丸煮至完全浮于水面捞出。

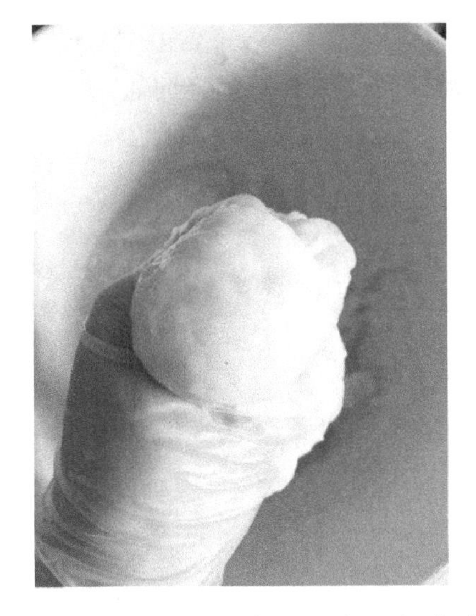

(3)把青瓜片放入盘中摆盘，面上放上鱼丸，打白芡勾上即可。

3. 成品要求

清淡嫩滑，爽口味美。

4. 制作关键

(1)鱼浆和南瓜蓉搅拌时要顺着一个方向。

(2)煮鱼丸时开小火。

八爪荔枝汤

活动导读

“一骑红尘妃子笑，无人知是荔枝来。”荔枝是一种非常受人喜爱的水果，具有补脑健身、开胃益脾、促进食欲之功效。八爪鱼具有丰富的蛋白质、矿物质等营养元素，还富含抗疲劳、抗衰老，能延长人类寿命等重要保健因子——天然牛磺酸。这道菜将两者结合，烹制汤品，味醇鲜美，创意十足。

实训指导

实训名称　八爪荔枝汤

实训时间　4 学时

成品特点　味醇鲜美

主要环节　挑选主料—八爪鱼宰杀、洗净—八爪鱼焯水—荔枝肉盐水浸泡—高汤熬制—装盘

实训内容

实训准备

食材：鲜八爪鱼、鲜荔枝

辅料：高汤、姜、葱

调料：味精、胡椒粉、料酒、植物油

实训流程

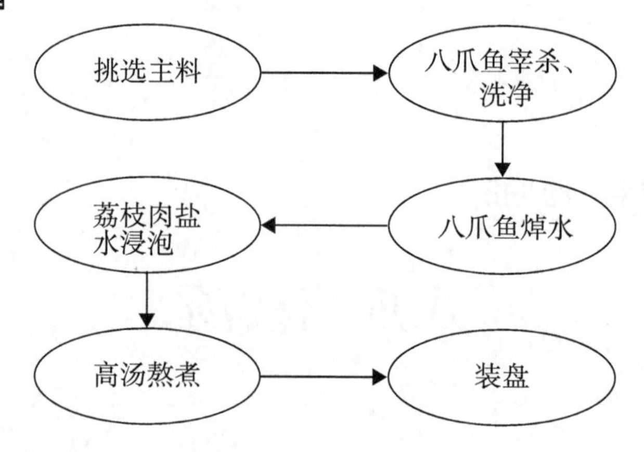

1. 原料

食材：鲜八爪鱼 300 克、鲜荔枝肉 150 克。

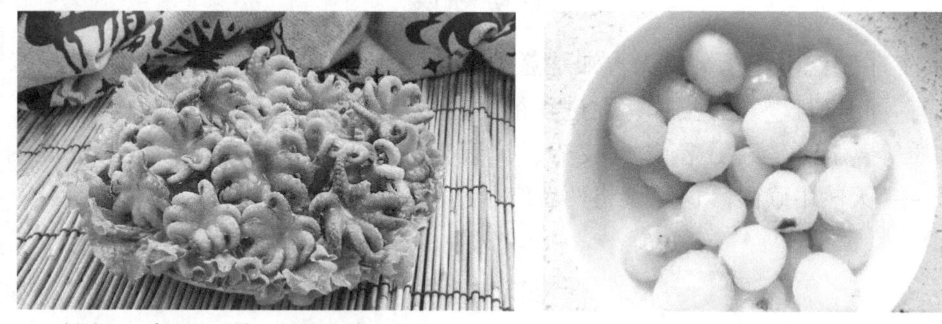

辅料：高汤、姜、葱适量。

调料：味精、胡椒粉、料酒、植物油少许。

2. 制作方法

(1) 八爪鱼去内脏、眼、墨衣，洗净放入锅中焯水捞出备用。荔枝肉用淡盐水浸泡一下。

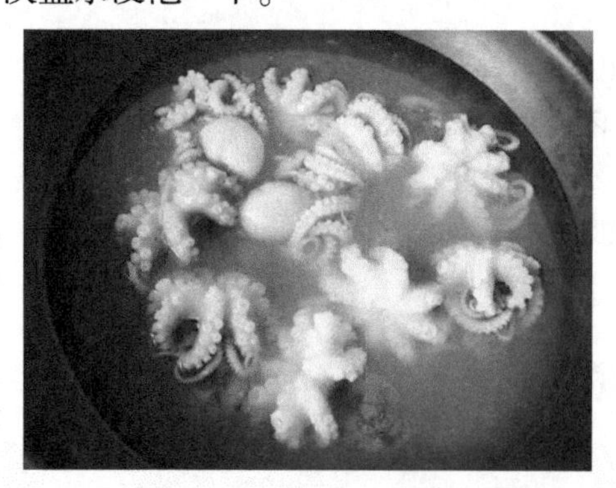

(2) 锅中倒入高汤，放入八爪鱼，姜、葱、料酒、少许油，旺火烧开，撇去浮沫。改用小火熬 30 分钟，放入荔枝肉熬 20 分钟。随后加入盐、味精调味，再加入少许植物油，撒上胡椒粉即成。

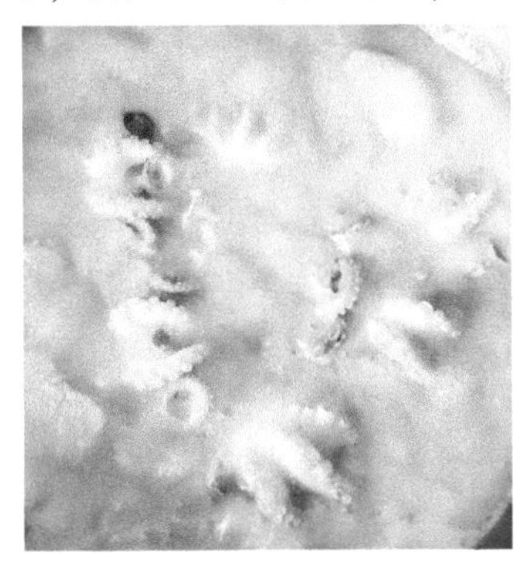

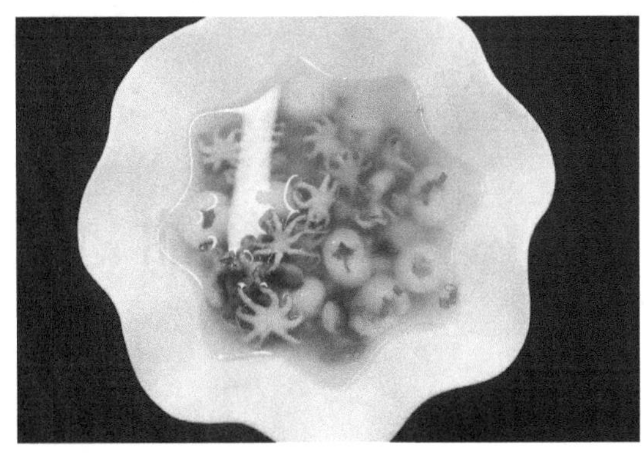

3. 成品要求

味醇鲜美。

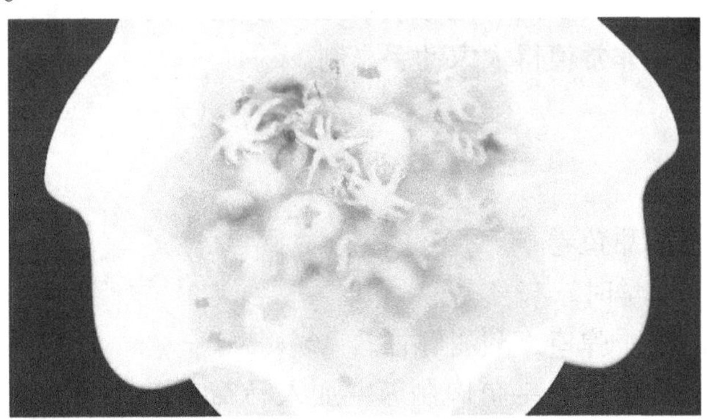

4. 制作关键

(1) 八爪鱼去内脏、眼、墨衣，清洗干净。

(2) 荔枝肉用淡盐水浸泡。

酸甜鱼卷

活动导读

酸甜鱼肉卷是很快手的一道小食，当宵夜也不错，酸甜开胃不会胖且营养丰富、易消化，非常值得大家动手烹制。

实训指导

实训名称　酸甜鱼卷

实训时间　4 学时

成品特点　酥香弹口，酸甜鲜香。

主要环节　挑选主料—鱼肉制蓉—加入马蹄，搅拌—鱼胶上劲—制作鱼卷—裹蛋液、面包糠—炸制—切片—装盘、淋汁

实训内容

实训准备

主料：草鱼

辅料：马蹄蓉、海苔、鸡蛋、面包糠、威化纸、酸甜汁

调料：盐、味精、生粉、胡椒粉、清水

实训流程

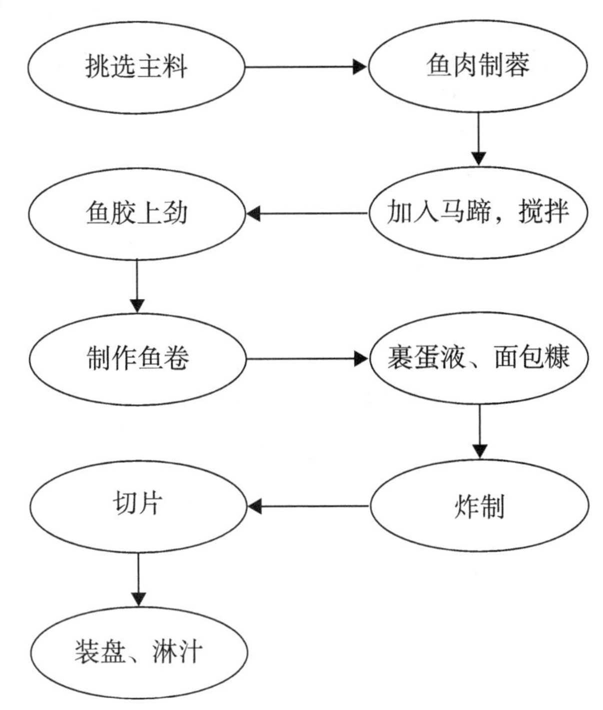

1. 原料

主料：草鱼 1 000 克。

辅料：马蹄蓉 20 克、海苔 50 克、鸡蛋 1 个、面包糠 100 克、威化纸 20 克、酸甜汁 150 克。

调料：盐 12 克、味精 5 克、生粉 20 克、胡椒粉 1 克、清水 150 克。

2. 制作方法

(1)鱼肉去掉红肉洗净切薄片，吸干水分放入绞肉机绞成蓉(或用刀剁成蓉)。

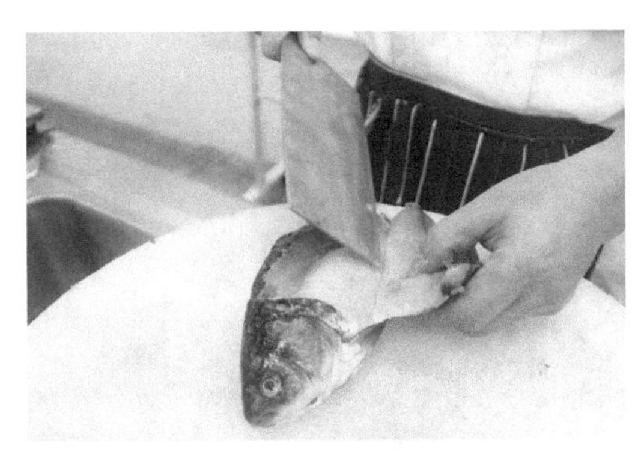

(2)将鱼肉放入盆中加马蹄蓉、盐、味精、胡椒粉顺一个方向搅拌，加入蛋清、生粉水搅拌成鱼胶，并反复用力摔打增加弹性。

(3)将鱼胶平铺在威化纸上，铺上海苔，卷成鱼卷。将鱼卷裹上蛋液拍上干粉，裹上面包糠待用。

（4）把鱼卷放入三至四成油温的油锅中炸至金黄酥脆成熟，取出横切成厚片，装盘点上酸甜汁即可。

3. 成品要求

酥香弹口，酸甜鲜香。

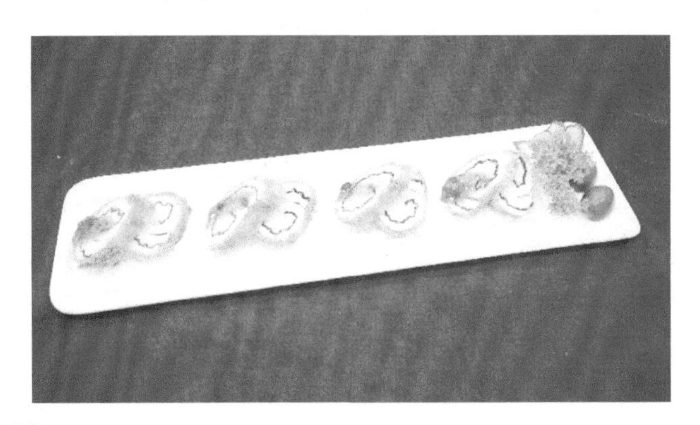

4. 制作关键

(1)取鱼肉时要去除干净红肉，保证成品洁白。

(2)在起胶时要一个方向搅拌，有黏性后反复摔打保证弹性。

(3)炸制时注意油温，不可高温或者长时间炸制，容易把裹的面包糠炸黑炸煳。

荔枝鸡片

活动导读

这道荔枝鸡片是在滑熘鸡片的基础上创新而来的，主要食材是鸡胸肉，配以荔枝，通过精心的烹制，不但弥补了鸡胸肉原有的缺点，滑嫩鲜美，还凸显了荔枝香甜脆爽的口感。

实训指导

实训名称　荔枝鸡片

实训时间　4学时

成品特点　鸡肉鲜美、滑嫩，荔枝味浓

主要环节　挑选主料—鸡肉切片—鸡片腌制—荔枝取肉、盐水浸泡—制作料头—鸡片滑油断生—翻炒、勾汁—装盘

实训内容

实训准备

主料：净鸡肉

配料：荔枝肉

料头：黄椒、红椒、蒜蓉、葱段

调料：盐、鸡粉、料酒、胡椒粉、干淀粉、鸡蛋清、色拉油

实训流程

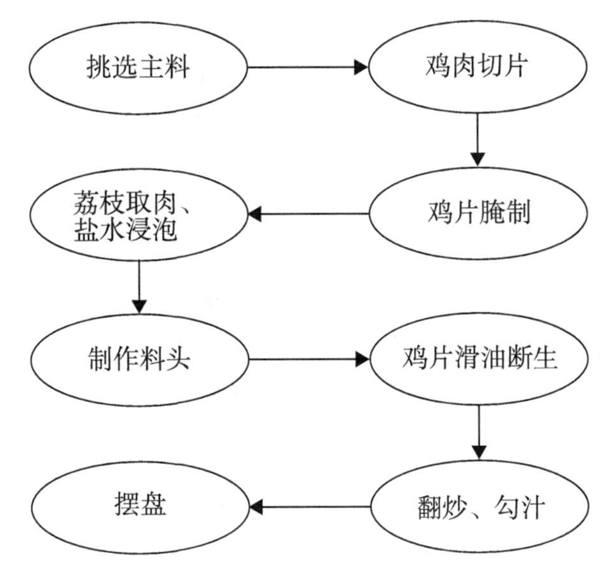

1. 原料

主料：净鸡肉 350 克。

配料：荔枝肉 150 克。

料头：黄椒、红椒 50 克，蒜蓉 5 克、葱段 5 克。

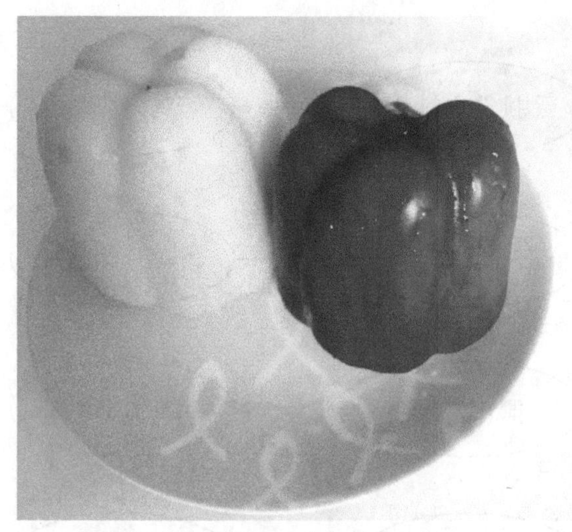

调料：盐 5 克、鸡粉 2 克、料酒 5 克、胡椒粉 1 克、干淀粉 15 克、鸡蛋清 25 克、色拉油 750 克(实耗油 50 克)。

2. 制作方法

(1)鸡肉切片，用盐、鸡粉、鸡蛋清、胡椒粉、干淀粉腌制；荔枝去外皮和核，清洗泡盐水待用；黄椒、红椒切片，蒜剁蓉，葱切段。

（2）锅烧热，放入色拉油，加热至 120℃，放入鸡片滑油至断生。

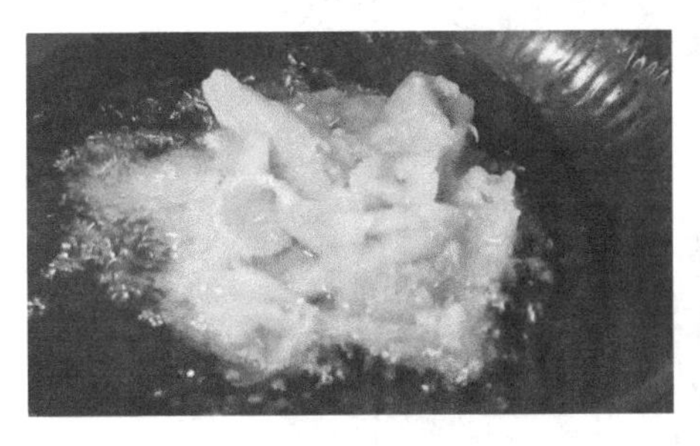
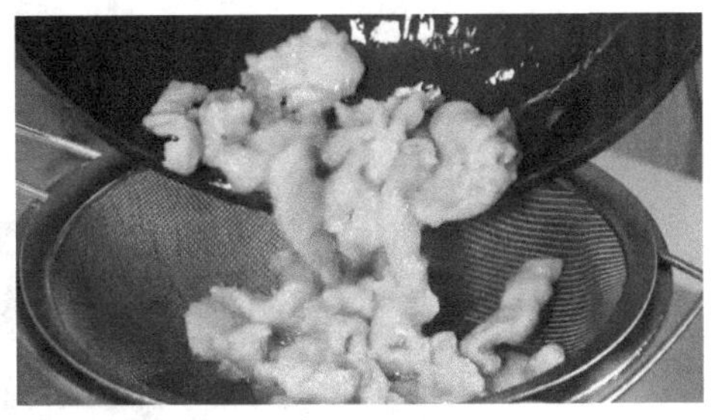

（3）锅留底油，放入料头，下鸡片，加料酒，下荔枝翻炒匀，兑汁勾芡，加包尾油即成。

3. 成品要求

鸡肉鲜美、滑嫩，荔枝味浓。

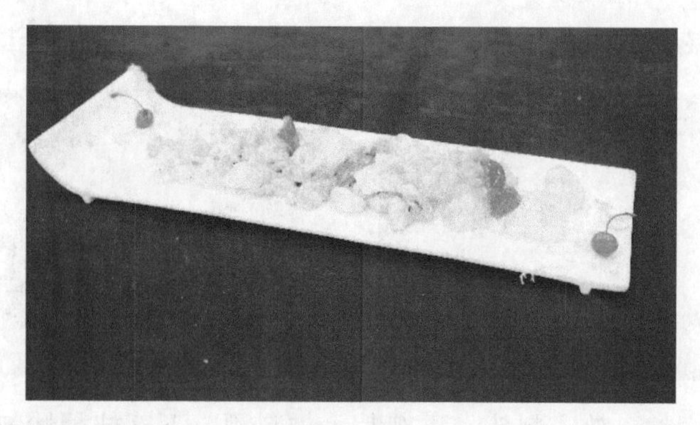

4. 制作关键

鸡肉滑油时火候控制在 120℃左右，保持鸡肉的口感滑嫩，炒制时运用大火，操作时要一气呵成。

酒香炸鲜虾

活动导读

虾是人们经常吃的食材，只有通过不断更换做法，才能保持新鲜感，这道菜以酒入馔，将日常的炸鲜虾外脆里嫩的口感丰富了许多，是一道老少皆宜的菜肴。

实训指导

实训名称　酒香炸鲜虾

实训时间　4 学时

成品特点　形状美观，外脆里嫩，啤酒味浓

主要环节　挑选主料—海虾去壳、去虾线、清洗干净—腌制—制作稀面糊—裹面糊—炸制—沥油—装盘

实训内容

实训准备

主料：新鲜大虾

辅料：低筋面粉、啤酒、花生油

调料：盐、鸡粉、黄酒、胡椒粉

实训流程

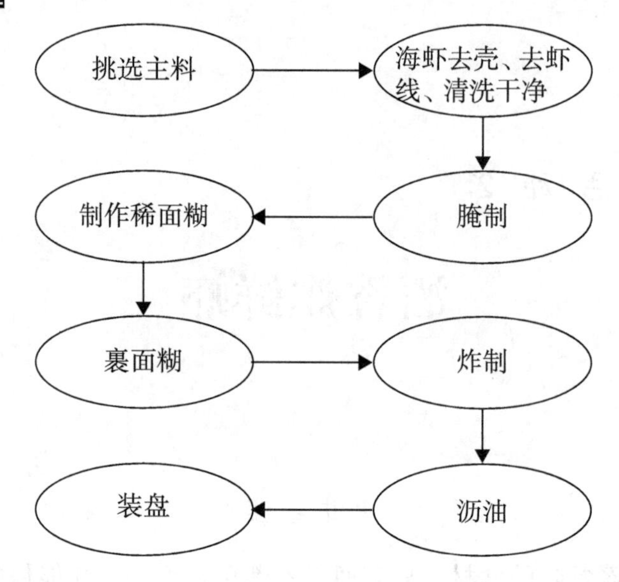

1. 原料

主料：新鲜大虾 500 克。

辅料：低筋面粉 250 克、啤酒 300 克、花生油 500 克。

调料：盐 4 克、鸡粉 3 克、黄酒 5 克、胡椒粉 1 克。

2. 制作方法

(1)海虾去头、去壳、留尾，破开去虾肠，清洗干净。

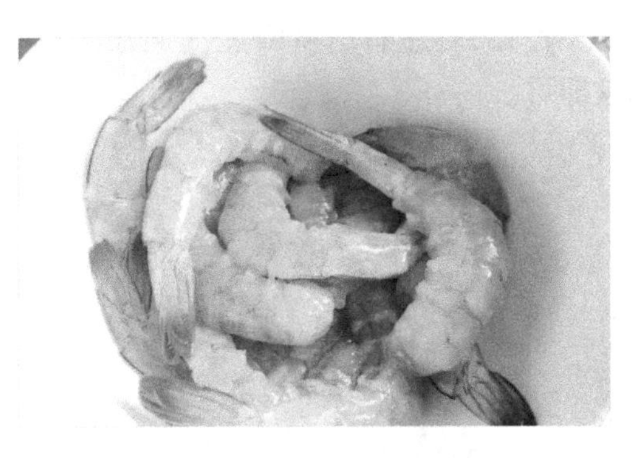

(2)海虾挤干水分，用料调味腌制，放入冰箱冷藏 10 分钟。

(3)将啤酒放入低筋面粉，搅拌形成稀面糊。

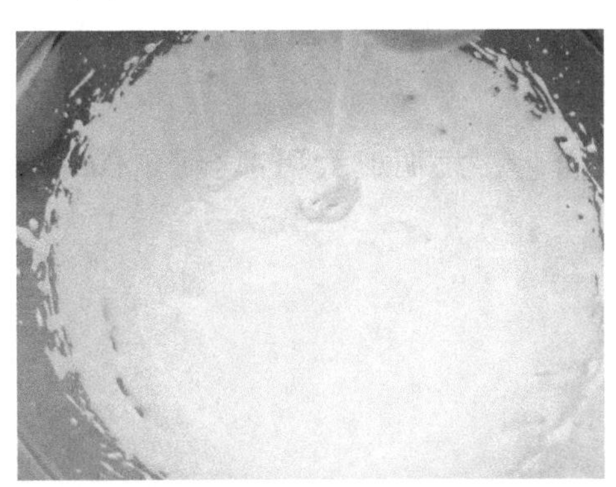

(4)锅放油，加热至120℃左右，将虾裹上面糊，放入油锅炸至浅黄色，捞起，沥干油，装盘即可。

3. 成品要求

形状美观，外脆里嫩，啤酒味浓。

4. 制作关键

(1)虾要选新鲜的、大个的。

(2)啤酒面糊调制时用料的比例要合理，太稠或太稀都会影响菜品的质量。

(3)炸制时要控制油温和时间。

学习活动22

秋葵养生球

活动导读

这道菜造型十分漂亮，并且十分养生。秋葵于身体有益是众所周知的，但是很多人都不太知道秋葵怎么吃。其实秋葵的做法还是很多的，最有营养的食材，往往使用最简单的烹饪手法。这道菜中秋葵和虾以氽为主，比较容易上手。

实训指导

实训名称　秋葵养生球

实训时间　4 学时

成品特点　造型美观，口感滑嫩，营养丰富

主要环节　挑选主料—草鱼取肉—制作鱼蓉—搅拌成鱼胶—秋葵焯水、切片—秋葵铺满碗底—酿制鱼肉—氽熟—反扣装盘

实训内容

实训准备

主料：草鱼

配料：秋葵

调料：盐、味粉、蛋清、花生油、生粉

实训流程

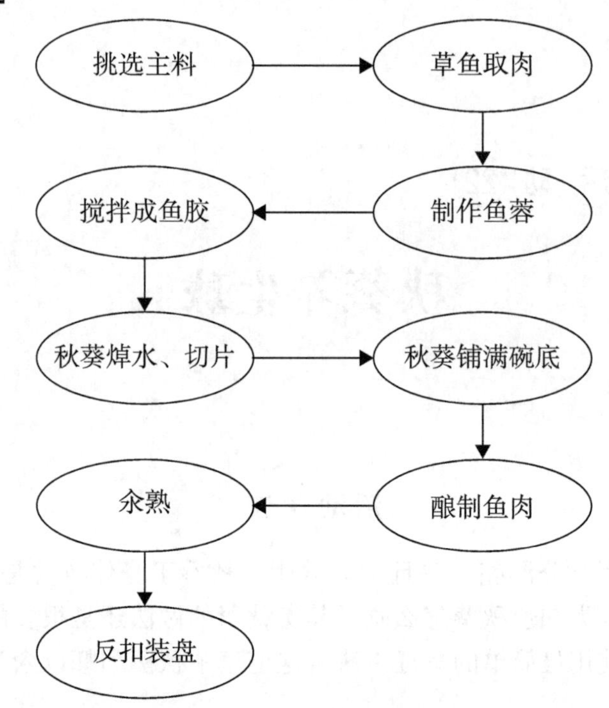

1. 原料

主料：草鱼 1 条(约 1 500 克)。

配料：秋葵 300 克。

调料：盐 8 克、味粉 6 克、蛋清 50 克、花生油 20 克、生粉 20 克。

2. 制作方法

(1) 草鱼杀好，取鱼肉，切片，放入水里漂水干净，将鱼肉放入绞肉机搅拌成蓉，取出，放入调味料，顺一个方向搅拌成鱼胶。

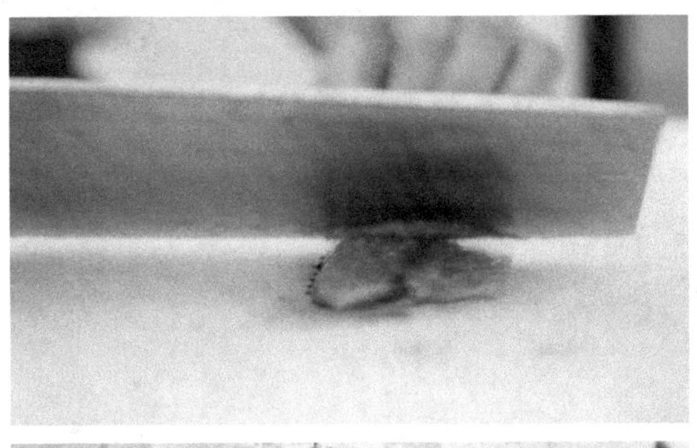

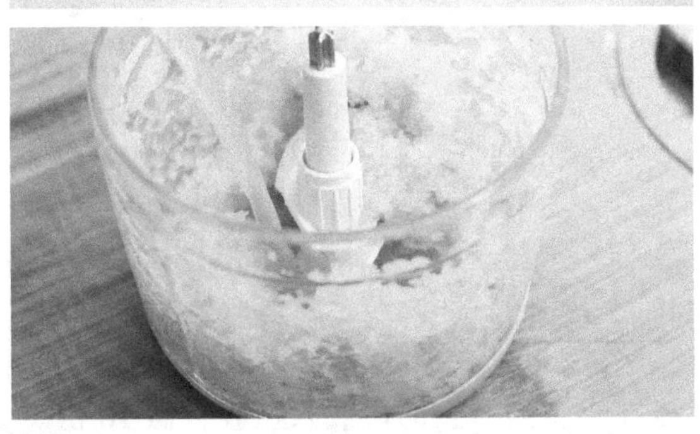

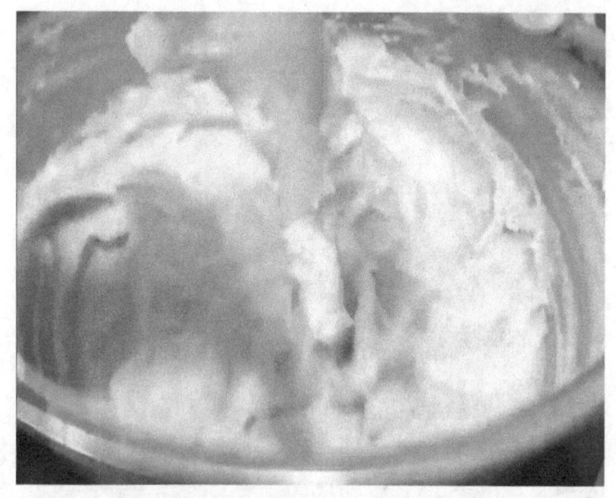

(2)秋葵清洗干净，焯水，过凉水，用刀切成片。

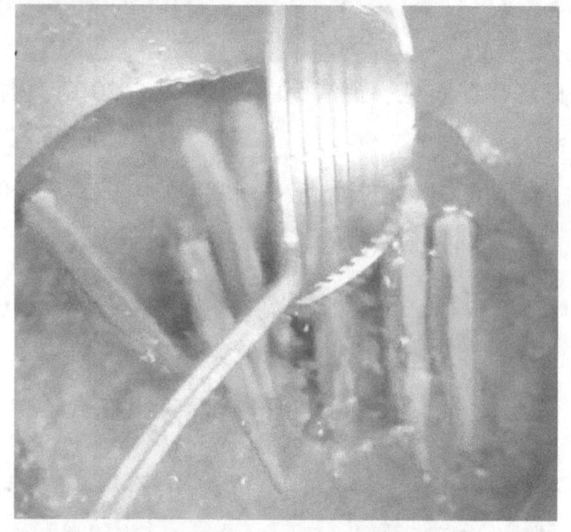

(3)将秋葵片排在小碗内，上面再放入鱼胶，做10份。

(4)将做好的10份原料放入80℃的水温氽熟后，捞起，反扣在盘内，排成两列造型，勾芡，淋球表即可。

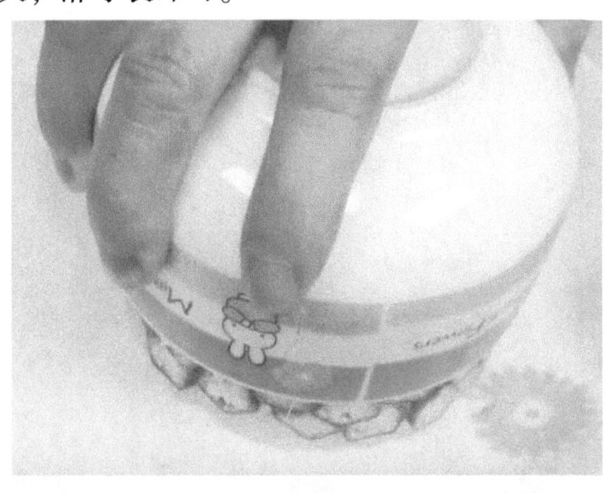

3. 成品要求

造型美观，口感滑嫩，营养丰富。

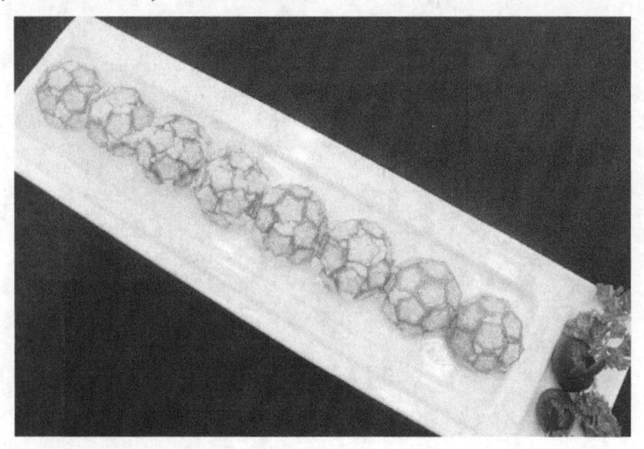

4. 制作关键

选用新鲜的草鱼，鱼蓉顺一个方向搅拌。